福建同心文化丛书

承古开新

三坊七巷的同心时空

福建同心文化丛书编委会　编

海峡出版发行集团
THE STRAITS PUBLISHING & DISTRIBUTING GROUP
福建人民出版社

《承古开新——三坊七巷的同心时空》
编委会

总　序

“国家之魂，文以化之，文以铸之。”

习近平总书记关于做好新时代党的统一战线工作的重要思想是坚持“两个结合”、推进马克思主义统一战线理论中国化时代化的最新成果。《福建同心文化丛书》，是福建统一战线贯彻落实习近平文化思想和习近平总书记关于做好新时代党的统一战线工作的重要思想的一项合力之作。

同心文化，作为中国特色社会主义文化的重要组成，其精神之源可追溯于中华文明数千年长河，其思想基础构架于中国化和时代化的马克思主义统一战线理论，其实践之路贯穿于中国共产党百年光辉历程。

2024年10月，习近平总书记亲临福建考察并发表重要讲话，强调“要在提升文化影响力、展示福建新形象上久久为功”。福建，夙称“海滨邹鲁”“文献名邦”。山海相拥的地理环境，文脉郁郁的人文历史，薪火相传的红色基因，积淀了多元、包容、开放的八闽文化，成为中华文化的重要组成部分。福建，也是重要的统战工作大省，多党合作传统深厚、五十六个民族融合团结、五大宗教源远流长、民营经济活跃、港澳台侨同胞众多，留下了同心文化发展的独特脉络。

统战工作是做人的工作、做人心的工作。这部书系以“人”为主角，是对中华优秀传统文化内核的追寻和致敬，也是对统一战线本体问题的思考与领悟。他们，有舍生取义的民主先贤，有身披云彩的知识分子，有热爱家国的民族群众，有勇猛精进的高僧大德，有爱拼敢赢的闽商群体，有两岸一家亲的见证人和守护者，有逐浪远行、心系桑梓的华侨华人……他们，还是谱写强国建设、民族复兴团结奋进同心篇章的海内外中华儿女。

与福建统一战线相关的这群人、这些事，经由接续的努力，从散落的资料、尘封的往昔中被更多地挖掘，在萌发的故土、辽远的世界上被更好地讲述。经由他们和他们的故事，我们可以更清晰感受到大道同行的多党合作文化、多元一体的民族文化、源脉千年的宗教文化、爱拼敢赢的闽商文化、同根同源的闽台文化、恋祖爱乡的华侨文化等富蕴同心的厚重文化在福建的呈现。

也许文字在纸面上是无声的，但文字呈现的文化信息、文化思想则是生机蓬勃的，经由人的阅读与理解，经由人的探索与实践，又将推动新的创造性转化、创新性发展。

当我们的征途召唤更多的同行者，当我们的事业需要凝聚更多的人心、共识、智慧、力量，承载着“以文铸魂、以文润心、以文赋能”历史使命的这部书系，经过有关领导、专家学者与各界贤达的共同努力，呼应了嘱托和希冀，展开了空间。

我们诚挚地表达感谢，感谢为书系立意推进、关心备至的您，感谢不舍昼夜、伏案写作的您，感谢精益求精、细微考究的您，也感谢正开启阅读、将同赴新程的您。

共溯同心源，共识同心人，共走同心路，共续同心史，共享同心福。同心文化是岁月沉淀的，见证统一战线同行之路；是时代当下的，映照统一战线同心发展的生动篇章；是延伸向未来远方的，行将展开更多的壮美图景。同心文化的精神力量与当代价值，将伴随我们一路同行。

是为序。

福建同心文化丛书编委会

三坊七巷游客中心
游客中心
福
福

前言

习近平总书记指出："泱泱中华，历史何其悠久，文明何其博大，这是我们的自信之基、力量之源。"

福州三坊七巷历史悠久、古厝林立，是名人辈出、文脉昌盛之地，承载着珍贵的历史文化内涵，蕴含着爱国、进步、开放、包容的精神，折射着中华文明突出的连续性、创新性、统一性、包容性、和平性。

习近平总书记在福建工作期间，就高度重视包括三坊七巷在内的文化遗产及历史文化名城保护工作，提出了许多前瞻性思想理念，推动了一系列开创性探索实践，使这片历史悠久的文化宝地得以延续。

2021年3月24日，习近平总书记专程来到三坊七巷考察调研，再次叮嘱，保护好传统街区，保护好古建筑，保护好文物，就是保存了城市的历史和文脉。

从"保下来"走向"活起来"，三坊七巷历史文化街区不仅赓续着城市的文脉，更散发着中华优秀传统文化的无穷魅力。

人们常说，走进三坊七巷，就是揭开了半部中国近代史。从另一个视角看，这里还蕴藏着一部动人的百年同心史话，更律动着新时代海内外中华儿女为强国建设、民族复兴团结奋斗的同心乐章。

这里是民主党派和无党派人士赓续优良传统的载体，据不完全统计，中华人民共和国成立以来，与三坊七巷产生关联的统一战线重要人士有60多位，其中包括冰心、林植夫等民主党派中央委员12人，许显时、严叔夏等民主党派福建省委会委员11人，萨镇冰、陈岱孙、邓叔群等全国政协委员12人，陈子奋、李世甲等省政协委员21人，国务院参事林志钧，王冷斋、林锴等中央文史研究馆馆员3人，沈觐寿、潘主兰等省文史研究馆馆员26人，刘栋业、刘永业等全国工商联执委2人，还有林徽因等党外知识分子代表。

这里是民族团结进步的视窗，从记录林则徐维护民族团结故事的林文忠公祠，到存续畲族先民在省城生活发展信息的蓝氏祠堂，折射了各民族交融汇聚成多元一体中华民族的历史脉络。

这里是我国宗教中国化的缩影，有老佛殿、天后宫、福州清真寺、天主教三山堂、花巷基督教堂等20多处宗教及民间信仰场所或遗迹，其中塔巷、宫巷因宗教建筑而得名。

这里是展现闽商耕山拓海足迹的画卷，有自北宋以来一千多年的闽商印记，有过福州近代闽商翘楚“电光刘”“尤恒盛”两大家族的商业传奇，有绥安会馆等商会遗址，有同利肉燕、永和鱼丸等传承百年的老字号。

这里是港澳台侨同胞血脉相亲的家园，有29处重要涉台文物建筑，甘国宝、沈葆桢、郭柏荫、严复等坊巷名人都曾为守卫、开发台湾，或促进两岸交流交往做出突出贡献；近年来，海峡两岸交流基地、福建省港澳青年（福州）同心交流基地、福建华侨主题馆、马来西亚归侨吴孟超院士先进事迹展示馆相继落地于此。

这里还是新的社会阶层人士创业的热土……

郁郁文脉，富蕴同心。让我们走进时光晕染的曲线山墙、纵横坊巷，一同探寻丰富的同心元素，感受深厚的同心底蕴。

三坊七巷同心地图

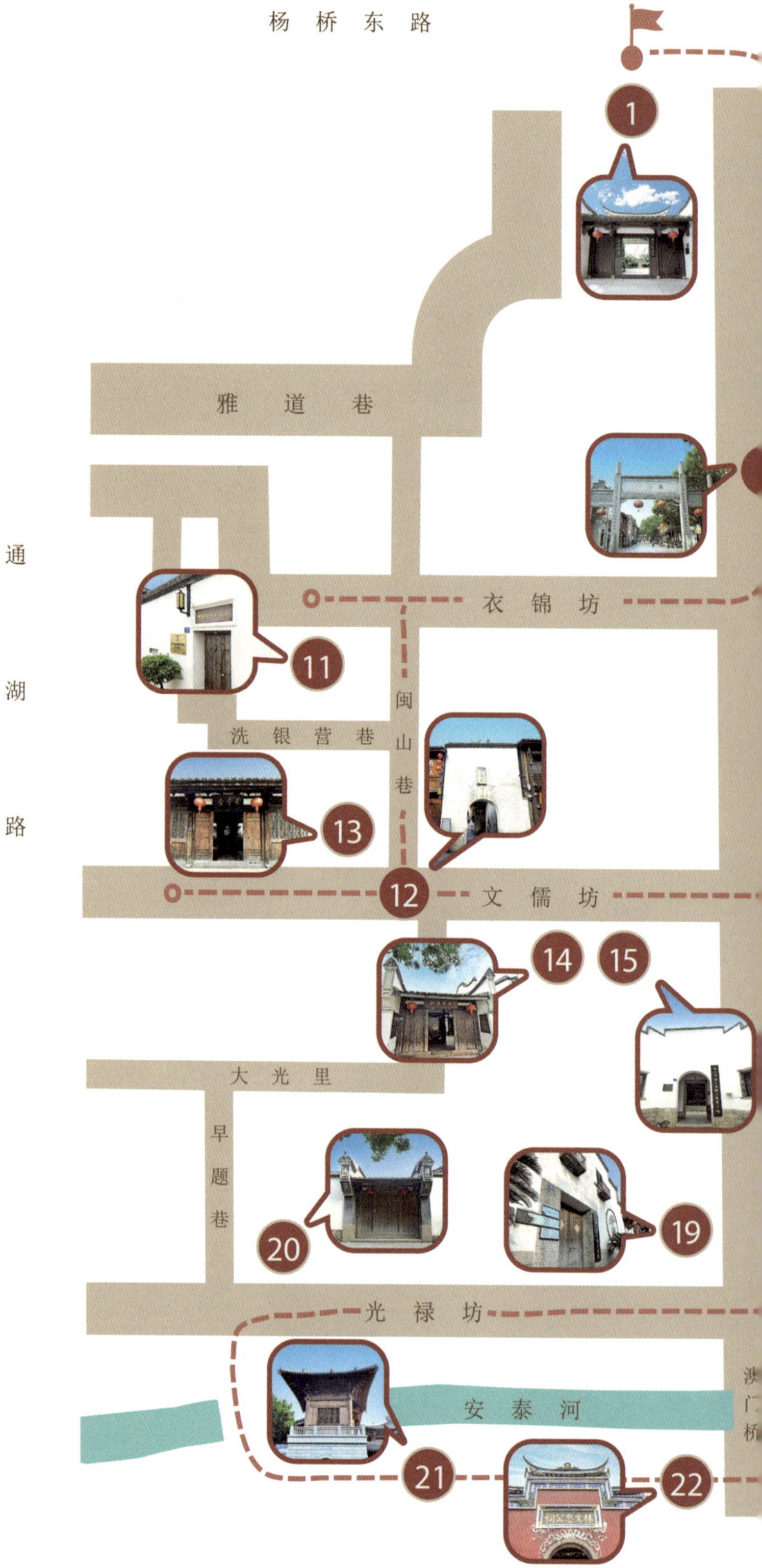

1 林觉民 / 冰心故居

2 上杭蓝氏祠堂

3 严复故居

4 天后宫 / 绥安会馆

5 塔巷

6 南后街

7 “福建事变”期间中国农工民主党中央机关旧址

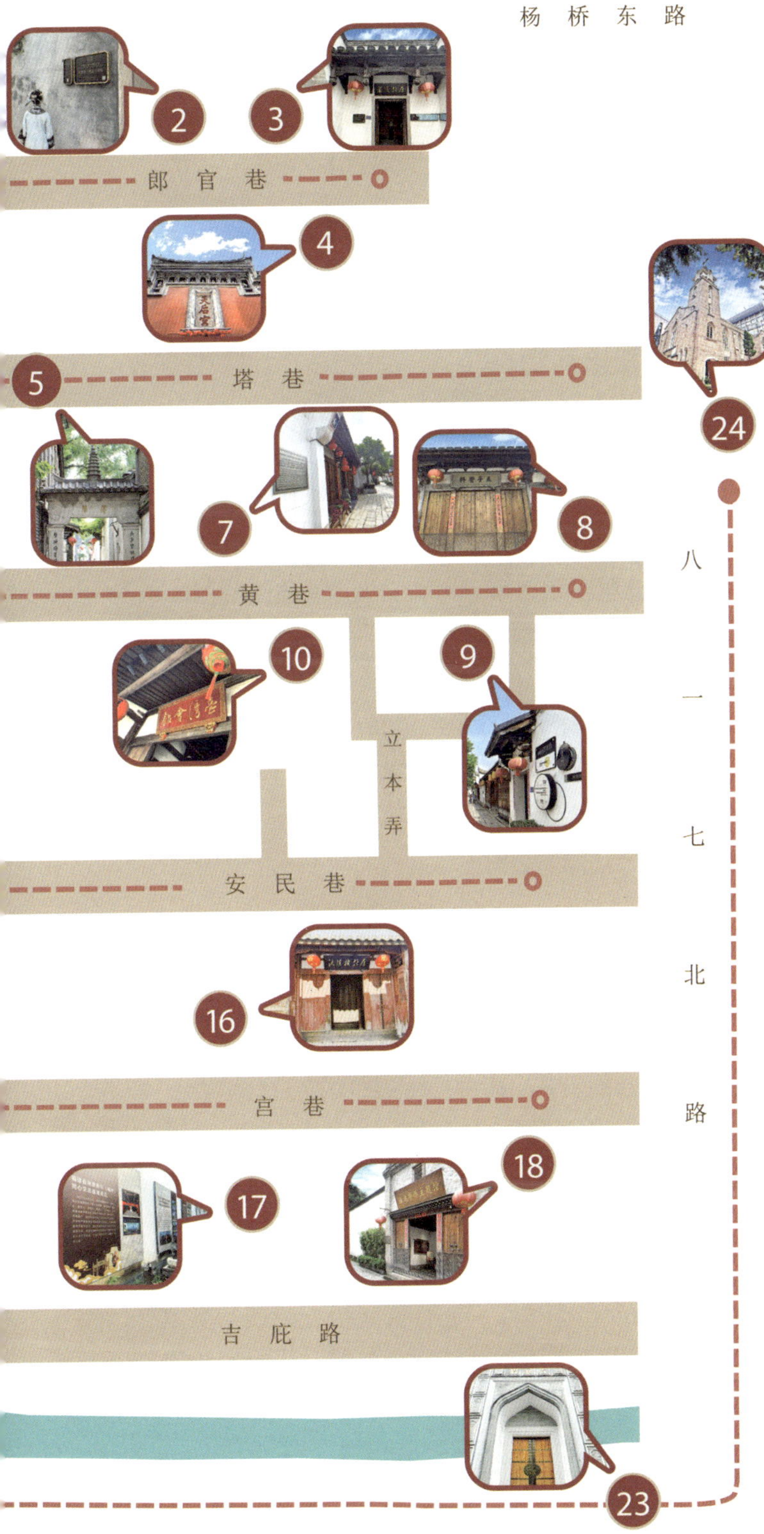

8 郭柏荫故居

9 唯美客文创聚落

10 福州台湾会馆

11 明旸禅师纪念馆

12 文儒坊

13 蒙学堂

14 吴孟超院士先进事迹展示馆

15 福州市海上丝绸之路展示馆

16 沈葆桢故居

17 福建省港澳青年（福州）同心交流基地

18 福建华侨主题馆

19 福州三坊七巷美术馆

20 刘家大院

21 老佛殿

22 林则徐纪念馆

23 福州清真寺

24 花巷基督教堂

坐标 1　杨桥路 17 号，林觉民 / 冰心故居

这里回荡着黄花岗烈士林觉民“为天下人谋永福”的泣血长歌，也映现着两位杰出的女性党外人士冰心、林徽因投身新中国文化建设的风采。

坐标 2　郎官巷 30 号，上杭蓝氏祠堂

这里存续了畲族先民在省城生存发展并积极融入中华民族大家庭的历史信息，是展示民族团结进步的一扇独特视窗。

坐标 3　郎官巷 20 号，严复故居

这里是近代著名启蒙思想家严复晚年归栖之所，严家几代人与台湾的密切交集使这座百年故居牵系着割不断的闽台情缘。

坐标 4　郎官巷 15 号，天后宫 / 绥安会馆

这里积淀着联结全球华侨华人情感的妈祖信俗文化，蕴含着依江而生、踏浪拼搏、拓海而荣的闽商海洋文化内涵。

坐标 5　塔巷

这里曾有王审知时期修建的育王塔院，寄托着对闽地文运昌盛的美好祈愿。

坐标 6　南后街

这里存有源自北宋的商业印迹，发达的文玩、裱褙、刻版印书业，传承百年、享誉四海的老字号，洋溢着浓郁的文化商贸气息。

坐标 7　黄巷 28 号，“福建事变”期间中国农工民主党中央机关旧址

这里见证了中国农工民主党与中国共产党携手同心并实现蜕变发展的重要历史，黄琪翔等多位早期农工党中央负责人曾在此参与酝酿、组织“福建事变”。

坐标 8　黄巷 4 号，郭柏荫故居

这里因清代侯官人郭阶三家中“五子登科”而闻名八闽，留下了郭氏一族几代人赴台兴学、抚垦、办实业的动人故事，是两岸同胞守望相助的真实写照。

坐标 9　黄巷 43 号，唯美客文创聚落

这里是中央统战部确定的“全国新的社会阶层人士统战工作实践创新基地第二批重点项目”，也是福建省新的社会阶层人士联谊交友、共谋发展的重要平台。

坐标 10　黄巷 51 号，福州台湾会馆

这里留存着一段台湾学子跨海赴榕求学、应试的特殊记忆，见证着两岸同根同源、同文同种的历史渊源。

坐标 11　洗银营巷 15 号，明旸禅师纪念馆

这里讲述了闽籍著名爱国高僧圆瑛大师与明旸禅师爱国爱教、弘法利生的往事。

坐标 12　文儒坊

这里自古名儒辈出，为国家建设事业做出重要贡献的曾以鼎、陈岱孙、陈矩孙等多位著名党外人士与文儒坊颇有渊源。

坐标 13　文儒坊 36 号，蒙学堂

这里是闽人自办的第一所具有革命色彩的新式学堂，被誉为近代民主革命志士的摇篮。

坐标 14　文儒坊 21 号，吴孟超院士先进事迹展示馆

这里讲述了闽籍马来西亚归侨吴孟超从童年下南洋谋生、青年回国抗日再到从医从军报国的历程，展现了他“爱党爱国爱民”的赤子情怀。

坐标 15　文儒坊 17 号，福州市海上丝绸之路展示馆

这里以丰富的历史文献、文物史迹和考古遗存，展示了福建人不惧万难、闯荡世界，在各地守望相助、落地生根的轨迹，以及中华民族和海外交通、交流、交往的历史。

坐标 16　宫巷 26 号，沈葆桢故居

这里是清末船政大臣、巡台大臣沈葆桢的故居，他驱日保台并开启台湾近代化进程的历史功绩流传百年。

坐标 17　南后街 7 号，福建省港澳青年（福州）同心交流基地

这里是闽港澳青年温馨的“福州之家”。

坐标 18　宫巷 11 号，福建华侨主题馆

这里可以了解闯荡四海、打拼异乡的华侨历史，追求真理、功绩卓著的华侨翘楚，融通中外、心系家国的华侨精神，延续久远、多姿多彩的华侨文化。

坐标 19　南后街 8 号，福州三坊七巷美术馆

这里珍藏有三坊七巷历史文化名人的妙笔丹青。在坊巷书画大家中，不乏陈子奋、沈觐寿、潘主兰等腾誉艺坛、德艺双馨的党外人士。

坐标 20　光禄坊中段，刘家大院

这里留存着近代爱国儒商“电光刘”家族的商业传奇，以及著名作家、革命烈士郁达夫寓居于此抗日救亡的足迹。

坐标 21　光禄坊玉山涧河沿，老佛殿

这里过去是福州著名的“五帝庙”，祀奉民间传说中舍身救人化为“瘟神”的五位举子，后改为佛寺。

坐标 22　澳门路 16 号，林则徐纪念馆

这里呈现了民族英雄林则徐暮年谪戍新疆期间维护民族团结、建设民族地区的丰功伟业。

坐标 23　三坊七巷东侧八一七北路，福州清真寺

这里能够找到伊斯兰教中国化及其融入古代社会发展历史进程的例证。

坐标 24　三坊七巷东侧八一七北路，花巷基督教堂

这里曾是福建省基督教开展“三自”爱国运动、支援抗美援朝的重要场所，也留下了爱国侨领、民主革命家、基督教徒黄乃裳的战斗故事。

目录

壹

大道同行：民主人士在历史风云中的抉择

贰

多元一体：民族团结进步的悠悠往事

叁

源脉千年：

我国宗教中国化的坊巷印迹

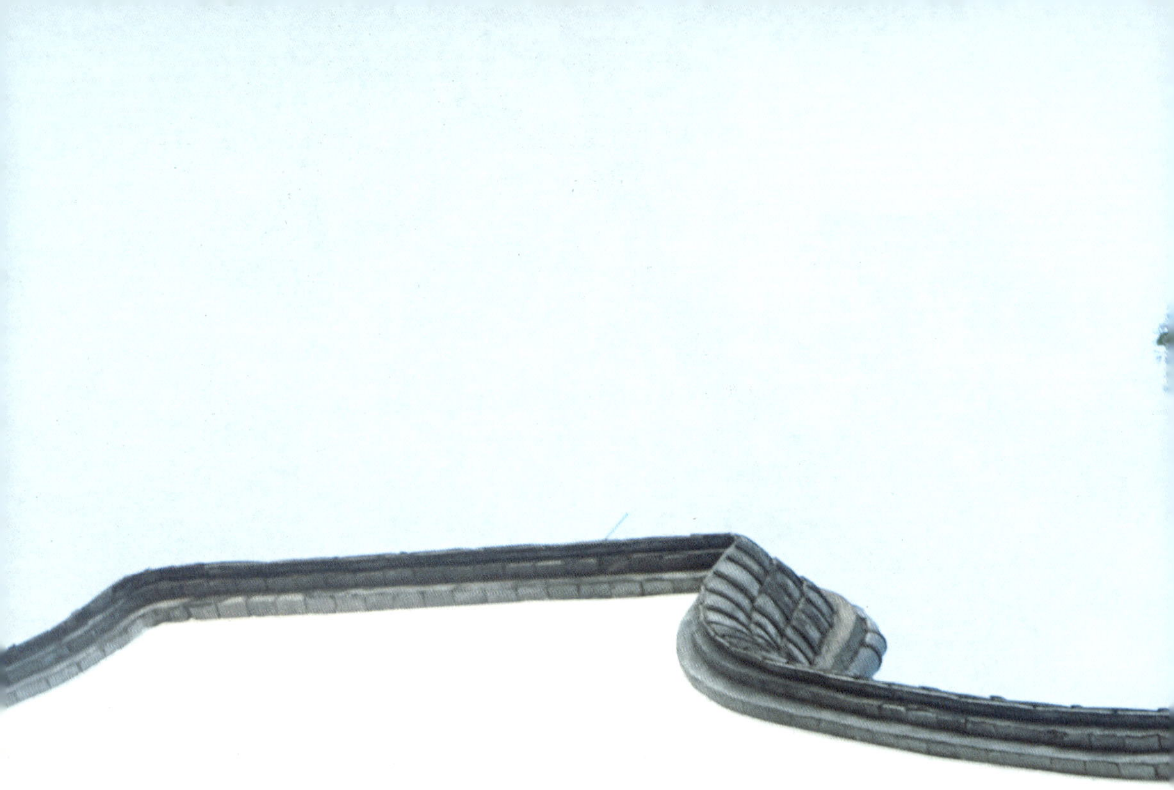

陆

四海一家：同心者不以山海为远

柒

其他：

大道同行

民主人士在历史风云中的抉择

壹

三坊七巷自古士子云集、文儒辈出。近代以来，这里亦走过革命者的匆匆步履，留下民主先贤的求索足迹，流淌着党外人士与中国共产党携手同行的岁月，映现着时代风云中烈火淬炼的峥嵘风骨，凝结了引领风气、追求真理、爱国兴邦、奋斗不息的民族精魂。

大道行思，取则行远。对真理的不懈追求，对改变国家、民族前途命运的强烈渴望，促使广大爱国民主人士选择和中国共产党站在一起，并在之后紧紧追随、矢志不渝。

岁月奔流，赓续传承。今天，这种同心、同向、同行的力量，仍然在中华大地上澎湃激荡。

坐标 1 林觉民 / 冰心故居 杨桥路17号

此处故居是习近平同志任福州市委书记时亲自关心并保护下来的。当时，故居部分建筑将被房地产开发商拆除，准备建设商品房。一位党外人士写信给刚到任不久的市委书记习近平，并在1990年12月1日的《福建日报》上撰文：《林觉民、谢冰心故居不容再拆》。1991年3月10日下午，福州市委、市政府在林觉民故居召开文物工作现场办公会，会议决定立即动手修复林觉民故居。1991年11月9日，在辛亥革命福州光复80周年纪念日当天，修缮完成的故居被辟为福州市辛亥革命纪念馆对外开放。

辛亥革命烈士林觉民祖辈七房人家（包括林徽因的父亲林长民）曾居住在这里。1887年，林觉民出生于此，18岁时与妻子陈意映在这里完婚。林觉民就义后，陈意映曾避居早题巷，此间收到了《禀父书》《与妻书》两封绝笔信。后来，林家人将这座房产转让给冰心的祖父谢銮恩，谢家一直住至20世纪50年代，冰心童年曾居住于此。

关涉名人

林觉民（1887—1911） 近代民主革命先驱，黄花岗七十二烈士之一。

林觉民自小饱读诗书，却无意于功名，曾在参加童生考试时，于试卷上大书“少年不望万户侯”七字后昂首离开考场。少年时，林觉民即接受民主革命思想，推崇自由平等学说，曾在吉庇巷谢家祠与同志创立阅书报所，尽力收集革命书刊，亦发布革命动态信息，使此处渐成先进思想与有志之士集聚之处。

林觉民擅长讲演，常说“中国非革命无以自强”，并自号

“抖飞”，以推翻清朝统治为己任。一晚，他在福州城内参加爱国社活动，慷慨讲演《挽救垂危之中国》，激动之处不禁拍案捶胸、声泪俱下。全闽大学堂的一个学监恰好在场，事后对人说：“亡大清者，必此辈也！”

1907年，林觉民留学日本，后加入中国同盟会，成为福建分会的骨干成员。1911年春，林觉民回国，与族亲林尹民、林文，随黄兴、方声洞等人秘密筹划黄花岗起义。起义之前，林觉民曾慷慨陈词，以必死决心鼓舞同仁：“此举若败，死者必多，定能感动同胞。吾辈死，而同胞尚不醒者，吾决不信也。使吾同胞，一旦尽奋而起，克复神州，重兴祖国，则吾辈虽死之日犹生之年也。宁有憾哉！宁有憾哉！”

林觉民也深知此行凶多吉少，写下两封绝笔信《禀父书》和《与妻书》。在《与妻书》中，他告慰陈意映：“汝体吾此心，于啼泣之余，亦以天下人为念，当亦乐牺牲吾身与汝身之福利，为天下人谋永福也。汝其勿悲！”英雄的铁血柔肠与旷世豪情尽在字里行间，百年过去仍令闻者落泪。

在广州天字码头就义时，林觉民年仅24岁。在那个碧血横飞的春天，他与他的战友们甘用热血唤醒民众，以身躯换取中国未来，烈士的壮怀激烈震撼山河，烈士的浩然之气长存天地！

冰 心（1900—1999） 原名谢婉莹，作家，是家喻户晓的“世纪老人”，也是中国共产党的亲密朋友。她的丈夫吴文藻是著名的社会学家、人类学家、民族学家。

冰心在《我的故乡》一文中对这座童年时居住过的宅院有详细描述，还写到祖父谢銮恩藏书的紫藤书屋是小时候“一得空就钻进去翻书看”的乐园。其中给她最深印象的，是清朝袁枚的笔记小说《子不语》和祖父老友林纾翻译的法国名著《茶花女遗事》。

中华人民共和国成立后，冰心夫妇冲破重重阻拦，从日本回到祖国，周总理亲切接见了他们。冰心激动地在《归来以后》中写道：“我回到祖国，回到我最熟识热爱的首都，我眼花缭乱了！几年不见，她已不再是‘颜色憔悴、形容枯槁’，而是精神抖擞，容光焕发了。”“我要永远和我们整齐的文艺队伍在一起，为祖国的社会主义现实主义文学的成长壮大而奋斗！”

从此，冰心以百倍的精力投入祖国的各项文化事业和国际交流活动中，在新中国的土地上讴歌鲜活的时代，在世界各国人民中间传播友谊。吴文藻先生还到中央民族学院任教，担任历史系民族志教研室主任。

1956年，冰心夫妇加入中国民主促进会。冰心此后曾担任民进中央副主席、中国妇女联合会常委等职。她十分热心民进的工作，尤其关注民进在教育领域的参政议政工作。1984年，冰心在一篇文章中写道：“我是做不了多大工作了，但我仍愿同民进的老、中、青的同志们在一起，和我们亲爱的党‘肝胆相照，荣辱与共'，永远做党的好助手。"

行将永别，冰心仍然记挂着党派事业，在遗嘱中，她特别交代，留下的书籍里，没有上下款的，可以捐给民进图书馆。

林徽因（1904—1955） 著名作家、建筑学家，中国现代文化史上的杰出女性。

在很多人眼里，林徽因是学贯中西、才貌双全的"天之骄女"，而她参与建构中国建筑史、创建中国建筑学科，为守护中国历史文化遗产做出的突出贡献，更加值得铭记。

林徽因出生于"满门忠烈"的林氏家族。林觉民是其堂叔。其父林长民于五四运动前两日，在报上撰文披露巴黎和会上中国外交失败的消息，并呼吁"国无亡日，愿合我四万万众誓死图之"。其弟林恒也是一腔热忱的爱国青年。当抗战狼烟四起，就读清华大学的林恒投笔从戎，成为一名空军飞行员，25岁时在一场抗击日寇的空战中以身殉国。

抗战时期，林徽因一家曾避难于四川李庄，古镇上空时常有敌机呼啸而过。当儿子梁从诫问她，如果日本人真的打进来怎么办。林徽因脱口而出："中国的念书人总还有一条后路，我们家门口不就是扬子江吗？"

北平解放前夕，解放军兵围古城。林徽因与丈夫梁思成忧心忡忡，担心城内古建筑毁于战火。然而，不久后的一天，几名解放军代表突然登门拜访，请他们在一幅军用地图上标注出重要文物古迹，表达了全力保护古建筑的决心。同时，请求他们尽快编写一部《全国重要文物建筑简目》，以便解放各地时，能参考着保护文物。“这样的党、这样的军队，值得信赖，值得拥护！”从此，林徽因夫妇消除了对共产党的所有疑虑，并决心不负信任，将自己的命运同新中国紧紧连在一起。不仅如此，他们视若明珠的女儿，当时正在北大西语系读三年级的梁再冰，也毅然报名参加了南下工作团，奔赴革命的洪流与熔炉。

林徽因一生热爱祖国，新中国也为她提供了施展才华的广阔舞台。中华人民共和国成立后，林徽因当选北京市第一届人大代表、全国文代会代表，并被特邀参加全国政协一届二次会议，被任命为北京市都市计划委员会委员兼工程师。肩挑建筑与文学“两担云彩”的林徽因把余下的时光都献给了新政权和新社会的建设。

因为热爱与信仰，林徽因在病痛缠身的情况下，仍以满腔热情参与中华人民共和国国徽和人民英雄纪念碑的设计，满怀自豪地在创作

中凸显中国特色和中国气派，又呕心沥血让国宝级传统技艺景泰蓝工艺光彩重生，还竭尽所能为国家培养了大量建筑学栋梁。她以对中国建筑和工艺事业的卓越贡献，诠释了新中国党外知识分子的成长与担当。

坐标 7 “福建事变”期间 中国农工民主党中央机关旧址

黄巷28号

1933年11月至1934年1月，中国国民党临时行动委员会（中国农工民主党前身，由忠诚于孙中山事业的国民党左派等建立）中央机关从上海迁到福州黄巷办公，参加酝酿和组织策动抗日反蒋的“福建事变”。“福建事变”期间，包括黄琪翔、郭秀仪夫妇在内的农工党重要负责人就曾居住于此。当时，农工党人努力寻找、联络中国共产党，为十九路军与中共签订抗日反蒋协定来往奔波。在闽的农工党人全力参与“福建事变”的各项工作，有的更是献出了宝贵生命。

“福建事变”推动了全国的抗日救亡运动，是抗日民族统一战线史上具有重大影响的历史事件之一。中国农工民主党也在这里实现了蜕变发展，留下了与共产党携手同心的重要历史。如今，这处旧址作为多党合作历史的见证，在新时代继续焕发特殊的同心光芒。

关涉名人

萨镇冰（1859—1952）　晚清民国时期海军名将，曾任北洋政府代理国务总理，世居朱紫坊，曾住黄巷。“福建事变”中，萨镇冰积极支持和赞助，并出任“中华共和国人民革命政府延建省”省长，其间发表演说痛斥执政当局倒行逆施，盛赞此次事变是“为整个民族存亡而斗争的义举”。中华人民共和国成立前夕，萨镇冰坚辞赴台，并公开声明坚决拥护中国共产党的领导，后担任第一届全国政协委员，中央人民政府革命军事委员会委员、华侨事务委员会委员。1951年，得知中国人民志愿军在汉城获胜的捷报，93岁高龄的他老泪纵横、感慨万分，提笔写下：“五十七载犹如梦，举国沦亡缘汉城。龙游浅水勿自弃，终有扬眉吐气天。”

林植夫（1891—1965）　民盟先贤，参与“福建事变”的重要民主人士之一，家住衣锦坊酒库巷。1938年，林植夫在抗日民族统一战线的感召下，参加了新四军。1941年“皖南事变”发生后，林植夫与叶挺军长一同被囚禁在上饶集中营，饱受摧残，始终宁死不屈，还协助狱中秘密党组织坚持斗争。1947年，林植夫经何公敢介绍参加中国民主同盟，并发起创建了民盟福建组织，同中国共产党并肩战斗。中华人民共和国成立后，林植夫积极参加社会主义建设，曾任福建省政府委员兼农林厅厅长，并当选全国政协委员、民盟福建省委会首任主委，为福建农林业发展做出了重要贡献。

黄琪翔（1898—1970）　北伐、抗日名将，国民党陆军上将，中国农工民主党创建人和领导人之一。1930年春，黄琪翔和邓演达合作，秘密组织中国国民党临时行动委员会。邓演达牺牲后，黄琪翔继续主持农工党中央工作，1933年积极参与策动了“福建事变”，力主联共反蒋抗日。其间，农工党中央机关设在黄巷黄琪翔的住所。关于发动事变的时间曾发生过激烈争论，黄琪翔代表农工党，以坚定的反蒋立场，推动了发动事变的进程。1933年11月20日，“中国全国人民临时代表大会”在福州召开，黄琪翔被推选为主席团主席，宣读了《中国人民临时代表大会人民权利宣言》。1948年，黄琪翔在香港期间，曾向中共负责同志表示希望在党的领导下，为解放事业多做一些工作。他写信给多位国民党将领，策动他们起义，并在香港宣布拥护中共政权。后来，黄琪翔以特邀代表身份参加了第一届全国政治协商会议，并参加了中华人民共和国开国大典。中华人民共和国成立后，黄琪翔历任中央政法委员会委员、国家体委副主任、全国政协常务委员会委员、农工党中央委员会副主席等职。

郭秀仪（1911—2006） 爱国民主人士、社会活动家，中国妇女运动的先行者之一，黄琪翔的夫人。“福建事变”期间与黄琪翔一起住在黄巷。中华人民共和国成立后，她积极支持黄琪翔开展工作，历任农工党中央常委、名誉副主席，还曾任全国政协委员、全国妇联执委、中国和平统一促进会常务理事、中华海外联谊会理事。

坐标 12 文儒坊

自古名儒辈出的三坊七巷，近代以来更是涌现出许多优秀的闽都儿女，他们走过长长的旧坊巷，迎着社会主义的曙光，走进新中国的广阔天地，施展理想抱负，倾尽毕生才华。单是文儒坊，就走出了曾以鼎、陈岱孙、陈矩孙等多位著名的党外人士。

关涉名人

曾以鼎（1892—1957） 原为国民党海军抗日名将，曾借居文儒坊陈宅。抗战胜利后，曾以鼎曾受命接收日伪海军。中华人民共和国成立前夕，曾以鼎拒绝去台湾，后加入中国人民解放

军，担任海军研究委员会主任，参与海军建设等重大问题的研究和决策。

王冷斋（1892—1960）　“卢沟桥事变”时的宛平县县长，曾居黄巷。“挟持左右尽弓刀，谁识书生胆气豪！”面对日寇威胁，王冷斋始终不卑不亢，据理力争，坚守城池，还以诗记史，细叙事变始末及抗战前线的危急局势。当中共中央在延安向全国发出通电，吹响全民族团结抗战的集结号，王冷斋喜极赋诗“延安奋臂起高呼，合力前驱原执殳。亿万人心同激愤，山河保障定无虞”，表达对正义力量的热烈响应。抗战胜利后，王冷斋作为重要证人出席远东国际军事法庭，历数日本战犯罪行。中华人民共和国成立后，王冷斋加入民革，并担任全国政协委员、中央文史馆馆员、北京文史馆副馆长，毕生致力于“卢沟桥事变”历史研究和著述。

陈岱孙（1900—1997）　经济学家和教育家，中国经济学课程“中国化”的先驱，世居文儒坊。陈岱孙青年时就抱定“经济救国”之志，曾留学哈佛大学并获哲学博士学位。1945年10月，他和西南联大10位教授联名反对国民党独裁统治。1948年清华园解放前夕，他挺身而出和进步师生一道坚决抵制国民党政府将学校南迁的计划，坚持留在北京迎接清华的解放和新生。

郑奕奏（1903—1993） 闽剧泰斗，被誉为“福建梅兰芳”，曾居黄巷。抗战期间，他“宁可清饥，不要浊饱”，拒绝为日寇演出，还参加义演，为将士捐赠寒衣。中华人民共和国成立后，郑奕奏任全国政协委员、中国戏剧家协会理事、戏剧家协会福建分会名誉主席等职，曾受到毛泽东、周恩来同志的接见。1959年，郑奕奏赴印度尼西亚传授闽剧艺术并登台演出，在海外传播中华优秀传统文化，受到热烈欢迎。

陈矩孙（1913—1987） 陈宝琛之孙，祖居文儒坊。1933年考入燕京大学国文系，曾在学生自治会和北平学联会担任领导，是1935年“一二·九”运动的领导人之一。本科毕业后陈矩孙去了延安，曾任刘少奇秘书。1940年，他接受中共中央派遣，又返回燕大读研，以学生身份作掩护，开展情报工作和统战活动。陈矩孙还曾和林植夫等人一起参与民盟福建组织的创建。抗战胜利后，陈矩孙接受中共闽浙赣省委指派，留在福建开展统战工作，争取国民党上层人士，在中华人民共和国成立前夕曾策划和推动福建省银行总行和香港分行的起义。

坐标13 蒙学堂 文儒坊36号

辛亥革命前夕，在革命思潮的影响下，福州各种新式学堂、革命团体、进步报刊如雨后春笋般纷纷创建。1899年，近代民主革命者林白水同黄展云、黄翼云、郑权、方声涛等人，于文儒坊卢氏祠创办了蒙学堂，以宣传进步思想，培养革命人才。蒙学堂主要招收本地优秀青少年入学，开设国文、英文、算学、历史、地理、修身以及政治、时务、体育、军技等课程，教导学生崇文尚武，为辛亥革命培养了一批骨干力量。学堂还专门邀请何琇先、林森等进步人士到校演讲，分析国家形势和救国途径，传播革命思想。

蒙学堂被誉为"近代民主革命志士的摇篮"，包括林觉民、林文、方声洞、陈更新等黄花岗七十二烈士中"福州十杰"在内的大批革命志士，皆曾受教于蒙学堂。

关涉名人

林白水（1874—1926）　辛亥革命时期著名的民主斗士，近代史上重要的新闻工作者，也是中国历史上第一个出国攻读新闻学的人。

1898年，林白水与林纾等人在杭州参与创办求是书院（浙江大学前身）、养正书塾、东城讲舍、蚕学馆等四所新式学堂，主张变法维新。戊戌变法失败后，林白水避回福州，仍积极倡导创

办新学，蒙学堂即于此期间创办。

1901年，林白水受邀出任《杭州白话报》首任主编。此后20多年，林白水先后在杭州、上海、北京创办或与蔡元培等人合办《中国白话报》《公言报》《新社会报》等十余份报纸，开白话办报先河，是“用语体（即白话）的报纸来做革命宣传的第一人”。

1905年，林白水东渡扶桑，在早稻田大学学习法政、新闻学，结识孙中山等人并加入同盟会，为革命身濒于险、奔走不息。黄展云回忆过林白水刺血作函，以三日三夜著书筹金并全数资助革命的往事：“适赵声、刘光汉方约同志入宁举义，需款甚急，窘无以应。公以所著《中国民约》一书，刺血作函，求售于某书局，约值千金，悉斥用之。回家则已断炊三日矣。”为表彰林白水的革命精神与爱国情怀，孙中山曾手书“博爱”条幅相赠。

在国家遭受欺凌践踏之时，林白水以“执笔欲扫天下浊”的文人胆气和“树改造报业之风声，做革新社会之前马”的报人精神，针砭时弊、宣传民主、激励同胞，如同暗夜里一道破空的惊雷。他的文章“如矢中的，所发皆著”，“透骨见血，铁肩辣手”，又多以白话文写就，“云驱风掣，如风马之驰”的文风大受百姓欢迎，传播至广且影响甚深，当时“诸报无不以刊白水之文为荣”。

林白水原名獬，字少泉。40岁后，始用“白水”之名，一说

“白水”为“少泉”之“泉”分离身首，寓以身殉报之意。1926年，因挺身而出发表时评讥讽军阀，林白水与同为“民国三大记者”的邵飘萍在百日之中先后惨遭杀害，时人哀悼他们“以身殉报，一样飘萍身世；为国捐躯，千秋白水文章”。

1985年7月30日，林白水被民政部追认为革命烈士。

黄展云（1876—1938） 清光绪二十二年（1896）考中廪生，向往政治维新，在戊戌维新失败后放弃科举仕途，决心以教育救国为己任。1899年，蒙学堂创办，黄展云出任校长。在黄展云主持下的蒙学堂，成绩大著，在社会上享有盛名，1903年，学堂奉令改为官立，更名为“侯官两等小学堂”，迁址越山南麓原越山书院内。1906年，黄展云留学日本期间加入同盟会，卒业后回福州主持“益闻阅报社”，参加光复福州的战斗，胜利后任福建政务院教育部部长，还曾任孙中山秘书。

坐标19 福州三坊七巷美术馆 南后街8号

三坊七巷人文底蕴深厚，是孕育灿烂闽都文化的沃土。世代流传的书香墨韵，滋养了一批在中国书画艺术界成就卓著的名家代表，其中不乏党外人士，如“白描祭酒”陈子奋、“颜褚风流”沈觐寿、“甲骨兰亭”潘主兰……他们妙笔丹青，桃李芬芳，享誉艺坛，德艺双馨，也为新中国的文化艺术事业发展增姿添彩。

关涉名人

陈子奋（1898—1976）　徐悲鸿赞其“来往千古，戛戛独造”，曾居安泰河沿的桂枝里。抗日战争时期，他常以画筹赈，为抗战出力。中华人民共和国成立后，他被选为福建省人大代表、省政协常委，担任省美术家协会副主席、省文史馆馆员等职。有关部门专门在西湖为他设立画室，让他更好地进行创作和研究。他曾以诗句“智慧与心皆许国，中书虽老尚斑斓”表达了一心报国的满腔赤诚。

王　闲（1906—1999）　中国美协会员、福建省文史馆馆员，曾居大光里。少从郑容、何振岱攻读经史，兼习诗词、书法、古琴，又从画家周愈学画，尤擅山水，著有《味闲楼诗集》《王闲诗词书画集》。

沈觐寿（1907—1995） 书法家，沈葆桢曾孙、林则徐外玄孙，曾居宫巷。沈觐寿一生精研金石书画，真草篆隶熟习兼通，曾任中国美术家协会会员、中国书法家协会会员、福建省政协委员、省文史研究馆馆员、省书法家协会副主席。

潘主兰（1909—2001） 诗人、书法篆刻家，曾居桂枝里。潘主兰毕生致力于甲骨文字的研究，创作了大量的甲骨文书法作品，其运笔如刀，典雅高古，造诣颇深。2001年，潘主兰获国家级书法专业学术奖——“第一届中国书法兰亭终身成就奖”。他曾任福建省文史馆馆员、福州市政协委员。

周炳旦（1910—1995） 书法家，福建省文史馆馆员，曾居洗银营巷。周炳旦博学多能，通文史，精诗词，擅长十余种字体，尤精楷书、隶书、行草。他与陈子奋、沈觐寿、潘主兰、章友芝等结为知交，曾与沈觐寿一起在南后街创办印社。陈子奋先生赞佩其研究古文字用力极深，特为其篆刻“墨海游龙”“点画功深”等数十枚印章。

林　锴（1924—2006） 民进会员，书画家、篆刻家、诗人，国家一级美术师、中央文史馆馆员、福建省画院名誉院长，曾居杨桥巷。林锴1950年毕业于国立艺专（现中国美术学院），得国画大师黄宾虹、潘天寿亲授。

多元一体

民族团结进步的悠悠往事

贰

福建山海交融，56个民族齐全，全省有19个民族乡、571个民族村（含2个社区），少数民族常住人口112.15万人，是中华民族多元一体格局形成和发展的重要缩影。在三坊七巷，民族团结进步的历史亦有迹可循、有例可征。

以三坊七巷为中心向周边俯瞰，位于东侧的旗汛口、蒙古营，位于南侧的八旗会馆——这些富有民族特点的地名，记录着各民族在福建交流、交融的历史。在民族融合的滚滚洪流中，无论起意如何，它们最终都成为现代城市繁华的一角，特殊的名字在百年后也渐渐沉淀为一种文化印记，留待后人赋予它们崭新的意义……

坐标 2 上杭蓝氏祠堂

郎官巷30号

郎官巷30号的上杭蓝氏祠堂，是畲族先民的一处住宅，也是三坊七巷中为数不多的姓氏宗祠之一。

据上杭庐丰畲族乡保存的《蓝氏族谱》记载，清道光十九年（1839），庐丰乡60位蓝姓畲族人集资在省城郎官里购置房产，建造“福省祠”（又名蓝氏祠堂），让赴榕参加科考的蓝氏子弟“一到其地，即得驻息之所，免租税之劳”。神奇的是，当他们买下房产、翻阅契书时才发现，原来早在康熙年间，此地就属蓝家旧宅。由此可知，畲族先民在省城生活发展的历史可以追溯到更远。

清代以后，科举考试在畲族士子中逐渐铺开。闽地畲族“文武科名人才辈出”，涌现出蓝理、蓝廷珍、蓝鼎元、雷宏、钟大焜等一批畲族文人或地方官员。“平台首功”蓝理、“治台名将”蓝廷珍、“筹台宗匠”蓝鼎元，被后人称为“蓝氏三杰”，对收复和开发台湾做出了重要贡献。

当回溯畲族在福建生存发展的历史，走近畲族群众的生产生活，体会畲药香里的本草中华，畲族衣装上凤凰、麒麟的美好寓意，畲家拳里刚健自强的民族精神，畲族银器上八仙过海等传统造型的中国匠心……我们无不感动于畲家人对中华优秀传统文化的敬重与贡献。

畲族是福建人口最多的少数民族，福建畲族人口占全国畲族人口的一半以上。他们和各民族同胞在福建这片热土上共同耕种生活，也曾一同守护这片土地。特别是，闽东地区畲族群众在革

命史上写下光辉一页，留下了畲嫂蓝金妹舍子救曾志等许多可歌可泣的故事。叶飞将军曾评价畲族同胞：“在闽东三年游击战争最艰苦年代，畲族人民作用很大：第一，最保守秘密，对党很忠诚；第二，最团结。”

由历史而今天。在岁月长河中，隐匿于坊巷中的这座蓝氏祠堂，恰似一座民族融合的时空坐标，存蓄了畲族先民积极融入中华民族大家庭的讯息，更是各民族美美与共画卷中的炫彩一笔，成为中华民族命运共同体形成和发展的一处缩影。

坐标22 林则徐纪念馆 澳门路16号

“海纳百川，有容乃大”。家喻户晓的民族英雄林则徐，是闽都先贤的杰出代表，他的自勉名言，百年后成为福州城市精神的精炼表达。

林则徐不仅以“开眼看世界”的远见卓识和虎门销烟的惊世壮举彪炳史册，也以维护民族团结的丰功伟绩，使各族人民长思久仰。

1842年，林则徐谪戍伊犁。边关冷月，瀚海孤旅，垂暮之年的林则徐深知西行艰难却胆气不减。他在《出嘉峪关感赋四首》中用豪迈之笔写塞外风景之雄奇：“长城饮马寒宵月，古戍盘雕大漠风”，也赞叹戍边护国之功业：“威宣贰负陈尸后，疆拓匈奴断臂前”，并寄望能够再回抗击外侮的前线：“我来别有征途感，不为衰龄盼赐还。”

在新疆戍边的三年间，林则徐带领当地各族群众垦荒地、浚水源、辟沟渠、兴耕作、固边防，极大改善了当地的生产生活条件。他认捐承修伊犁阿齐乌苏大渠龙口工程，克服万难，带领群众挑沙挖石、建坝筑堤，历时4月筑成一条长六里多、宽三丈的

坚固水渠；他在产棉地区倡导使用纺车，向少数民族群众推广纺纱技术；他从家乡引进数以万计的榕树、柳树苗在北疆种植，给荒漠覆盖上郁郁葱葱的绿林；他还结合当地人民长期实践创造出来的经验，在吐鲁番因地制宜推广“坎儿井”，“变赤地为沃壤”，使“穷民携眷安家，以为乐土”。

“但期绣陇成千顷，敢惮锋车历八城”，伊犁垦田成功后，林则徐又以年迈抱病之躯，行程万里，查勘南疆垦地六十万余亩，“纠工筑城，开渠引水，招民种地”，完成了西域屯田历史上前所未有的壮举。

至今，一条长400余里的碧波宽渠仍在滋养祖国边疆的土地。遍布全国各地的林则徐纪念馆，也有一座伫立在伊犁。“林公渠”“林公井”“林公车”“林公林”……这些传颂至今的美名，浓缩了新疆各族儿女对林则徐的深深怀念。

源脉千年

我国宗教中国化的坊巷印迹

叁

坐标4 天后宫/绥安会馆

坐标5 塔巷

坐标11 明旸禅师纪念馆

坐标21 老佛殿

坐标23 福州清真寺

坐标24 花巷基督教堂

三坊七巷的宗教历史可称久远，见证了我国宗教在福建衍化的进程。这里曾有过五大宗教的建筑遗存，现有老佛殿、天后宫、福州清真寺、天主教三山堂、花巷基督教堂等20多处宗教及民间信仰场所或遗迹，在“七巷”中“宫巷”“塔巷”两巷的名字与宗教建筑所在有关。

坐标 4 天后宫 / 绥安会馆

郎官巷15号

郎官巷中的天后宫，相传始建于元代，现存建筑由清道光年间来自闽北的建宁商帮集资修建，与绥安会馆同为一体，具有福建商帮会馆“宫馆合一”的典型特征。《绥安会馆碑记》记载了当年的建馆初衷：“闽北纸、木、茶、笋等帮，贸迁至省，暨转运天津等处者，险历滩河，逾越海澨，莫不感戴神灵，生计日隆，备臻利涉，思有以报答天后之鸿慈，图建会馆。”古时，三坊七巷内水网发达，郎官巷前的河道连通闽江，是商船出城的交通要道。岁月更替，当年承接南北贸易的码头、河道今天皆已不复存在，唯余这座古朴典雅的天后宫，依然无声诉说着通江达海、物畅其流的昔日繁华。

这座天后宫建构十分别致。正面墙额的神龛里立有九尊人物雕像，分别为“北斗七真君”与“左辅右弼二星”，形态各异，栩栩如生。临街有三门，一入正门即为前殿戏台，与正殿妈祖神像相对。每当祭典或逢年过节，台上便好戏连连，前殿庭院和两侧厢楼聚满观众，呈现一派尊神娱人的和谐景象。

在百年的香火绵延中，这里形成并积淀了与“海上丝绸之路”中闽商文化、闽台商贸历史密切相关的祈福信俗，如“茶帮拜妈祖”“斗堂文化”“福船开光”等，其中尤以“茶帮拜妈祖”为最盛。

关涉名人

“海上女神”妈祖 天后宫中奉祀的主神妈祖，是一位具有传奇色彩的“海上守护神”。妈祖信俗起源于宋代莆田，随着海事活动的频繁和历代朝廷的褒封而兴盛，并随航海者的足迹走向世界，成为中国海洋文化的鲜明代表之一。

妈祖在历史上的原型叫林默，出生于北宋建隆元年（960）。据说，林默生而神异，能预知祸福，力拯患难，在28岁那年因救

助海难而献身，人们感念其善行，遂为她立庙祭祀。后来，随着渔业和海事活动的发展，海难事故频发，妈祖的故事与人们期望海神庇护的心理正好契合。于是，一个个海上脱险的故事被归为妈祖神迹，出海前祭祀妈祖，成为船工、渔民祈求平安的重要仪式和精神寄托。加之宋代以来，林林总总的史籍方志、文人笔记、朝廷文书对妈祖传说不断地加工演绎，这位掌管海上航运的守护神形象愈加深入人心，乃至成为集亲善慈爱、英勇无私、扶弱济困等传统美德于一体的精神象征。

历史上，妈祖曾获宋、元、明、清14位皇帝敕封36次，地位从“夫人”“天妃”“天后”升格至“天上圣母”，封号最长竟达64个字，是历代受封次数最多的女神祇。如今，妈祖文化跨越五洲四海，构成了“有海水处有华人，华人到处有妈祖”这一蔚为大观的文化景象，亦成为联结海内外华侨华人的重要情感纽带。

关涉掌故

闽台“茶帮拜妈祖”信俗　郎官巷天后宫独特的“茶帮拜妈祖”信俗，与当时福州城内实力雄厚、在闽台茶业中拥有很大影响力的洪家茶帮密切相关。众所周知，福建是中国的产茶大省，闽商的主营商品之一便是茶叶，福州港还曾被称为“世界茶港”。在福州聚集的众多茶帮和茶行中，来自金门青岐洪氏家族的洪天赏创立的洪家茶帮，成为其中魁首。洪天赏生于金门，闯

荡于福州，延续了其先祖出海谋生前拜祭妈祖的习俗，每逢春茶、秋茶采收的季节（恰逢妈祖诞生时），都会组织茶商在郎官巷天后宫举行隆重的祭祀仪式，将当季第一泡上好茶叶进献给妈祖，祈求平安也感恩庇佑。随着洪家茶业发展壮大，产品远销台湾和东南亚，“茶帮拜妈祖”逐渐成为榕、台茶人共有的信俗。直至日寇进犯、国事日艰，“茶帮拜妈祖”信俗才因洪家茶停业避难而衰落。

2015年，郎官巷天后宫的“茶帮拜妈祖”信俗被列入福州市级非遗项目。随着传统祭典仪式的复原、再现，两岸同胞及东南亚侨胞热切关注、纷至沓来，这一凝结妈祖文化、闽茶文化的特色信俗也重新焕发了生命力。

榕台同源的斗堂文化 百年前，郎官巷内的天后宫不仅缭绕着香火，还流动着悦耳的丝竹之音，那是被称为斗堂禅和曲的福州地方特色音乐。“斗堂”是福州旧时一种高端民俗结社组织，以“朝真礼斗”为务，参与斗堂的信众互相称为“堂友”。据说，近代史上众多名人如严复、林觉民等，都曾是斗堂堂友。斗堂文化起源于19世纪中叶福州的民间礼斗祈福文化，其核心内容是斗堂禅和乐，即祈福活动中所唱奏的乐曲，后经历代艺人加工、提炼，成为极具福州地方特色的民间音乐，并入选福建省级非物质文化遗产。现今在台湾许多宫庙举行的祭祀活动中也能听到的同样的禅乐，正是当年从福州渡海传来，被台湾学界称为两岸同源文化的“历史活化石”。

水流湾遗迹 水流湾原址正对着郎官巷西口，是一条长约百米的巷子。巷口曾立有牌坊，上面竖写“会潮里”，横书“水流湾”。水流湾中段有一条小巷可通往衣锦坊，叫小水流湾。古时候，这里曾是南北商船往来、货物集散的繁忙码头，这也印证了天后宫多临江海渡头而建的特征。后来由于坊巷改造，当年的码头、河道已消逝在历史深处，而水流湾之名却带着文化信息流传至今。

坐标 5 塔巷

塔巷之名，源自王审知时期修建育王塔并塔院于此，寄望庇佑闽地文运昌盛。塔巷历史上多次改名，如文兴巷、兴文坊、修文坊等，也多出于此愿。据宋淳熙《三山志》载，“兴文坊，地名塔巷，旧曰修文”，“育王塔院，兴文坊北，闽王时有之”。1980年，在福州市北郊莲花峰下斗顶山出土了王审知墓志铭，记载当时“佛庙遍廓，雁塔干霄，钟梵之音，远近相接”，可见当时闽都的重佛风气及佛教影响。此外，光禄坊西段也曾建有五百罗汉寺，据称也是王审知应梦而建。

关涉古迹

宫　巷　因巷内原有紫极宫而得名。唐天宝元年（742），紫极宫始建于巷北，祀道家之神。据《旧唐书》记载：“开元二十九年正月制：两京诸州各置玄元皇帝庙。天宝二年三月，改西京玄元庙为太清宫，东京为太微宫，天下诸郡为紫极宫。”这与宫巷紫极宫的定名可相互印证。

天主教三山堂　明崇祯前期，在当时的东阁大学士、首辅叶向高引荐下，意大利耶稣会传教士艾儒略来到福州，经过募捐筹款，在早已不存的紫极宫遗址上建起三山堂，是福州历史上已知的第一座天主教堂。艾儒略曾在此传教，同时也介绍西方的学术思想和科学技术，并与当地名士多有交往。清顺治三年

（1646），三山堂于战火中毁坏严重。到顺治十二年（1655），信奉天主教的闽浙巡抚佟国器助银重建的新堂落成，新堂为中国寺庙建筑风格，内部装饰、摆设也多是中国化的样貌。

乌 山 位于三坊七巷之南，古木参天，奇石殊胜。相传西汉时道家何氏九仙重九登高，射乌于此，故又称射乌山。宋熙宁年间，程师孟以乌山之胜可比道家蓬莱、方丈、瀛洲三仙山，于山麓建道山亭，乌山由此有道山之名。唐宋八大家之一的曾巩应程师孟之请，作《道山亭记》详记此事。《道山亭记》中感慨其时闽地佛道家之盛："其附山，盖佛、老子之宫以数十百，其瑰诡殊绝之状，盖已尽人力。"可见佛、道教对福建历史文化的发展自唐宋始已产生很大影响。

崇妙保圣坚牢塔 位于乌山山麓，前身是唐贞元十五年（799）建造的贞元无垢净光塔，乾符六年（879）净光塔毁于兵燹，王审知第七子王延曦在继位后重建。此塔是北宋名臣谢泌诗"城里三山千簇寺，夜间七塔万枝灯"中"七塔"之一，因所用花岗石久经岁月而外表略显青黑，故被称为"乌塔"。乌塔边有石塔寺亦名"净光寺"，始建于唐贞元十五年（799）。

坐标11 明旸禅师纪念馆 洗银营巷15号

明旸禅师（1916–2002），法名日新，俗名陈心涛，从小熟读四书五经，出家后师从圆瑛大师，曾任福州西禅寺、莆田光孝寺方丈，全国政协第八届常委、中国宗教界和平委员会副主席、中国佛教协会副会长。

抗日战争时期，明旸禅师深受圆瑛大师“国家存亡，匹夫有责”思想影响，积极参加“僧侣救护队”，后又两度随圆瑛大师赴南洋弘法募捐。1939年10月，日寇将圆瑛、明旸师徒关入日本宪兵队牢房。师徒二人受严刑拷打、威逼利诱，但始终坚守民族气节，威武不屈，据理辩驳，置生死于度外。明旸禅师还以诗明志，在狱中写下《囹圄入定仰高风》：“樊笼宴坐显定功，火里莲花挺古松。履险若夷为爱国，坚贞不屈仰高风。敢将热恼化清净，巧把地狱当佛宫。民族英姿扬永世，光辉史册颂圆公。”

中华人民共和国成立后，明旸禅师拥护中国共产党的领导，积极从事佛教爱国组织建设和爱国爱教事业。改革开放后，他更

是努力推动中国佛教界对外交往，宣传我国的宗教信仰自由政策和社会主义现代化建设成就，还积极参与社会活动和公益慈善事业。

福州市明旸禅师纪念馆于2016年8月正式开馆，于悠悠深巷中静静讲述明旸禅师与圆瑛大师爱国爱教、弘法利生的不凡往事。

关涉名人

圆瑛大师（1878—1953） 俗姓吴，法名宏悟，号韬光，出生于宁德古田，曾担任中国佛教协会首任会长。

圆瑛大师广涉三藏，沟通天台、贤首、禅宗、净土四宗，尤擅《楞严》，是中国近现代大德高僧，也是坚持佛教中国化的实践者与探索者。

1931年，九一八事变爆发，山河危急。圆瑛大师写下了“出世犹垂忧国泪，居山恒作感时诗”，通告全国佛教团体僧众，启建护国道场。同时，以中国佛教会常务主席名义发出《致日本佛教界人士书》，谴责日本军国主义“以侵略之政策，占据中国领土，残杀中国人民”，要求日本佛教界唤醒民众、制止暴行。

“国民生在宇宙之间、国家领土之内，则爱国一事，就是人之天职，无有一人不负这种责任。”圆瑛大师亲自担任中国佛教会灾区救护团团长，训练佛教青年，于枪林弹雨中不分昼夜抢救伤员，收殓遗骸，运送补给。

1937年和1938年，时事维艰，圆瑛大师两次携明旸禅师远渡重洋，到吉隆坡、槟榔屿、马六甲等地，组织华侨募捐委员会，借讲经机会宣传筹款救国，提倡“一元钱救国运动”，广大侨胞踊跃捐款，尤以陈嘉庚、胡文虎等侨领鼎力支持、助力甚多。圆瑛大师募得巨款，全数汇回祖国支援抗日救亡运动。

1949年，圆瑛大师以“绝不他往”的坚定意念，在上海迎接解放。1953年香港《大公报》发表了圆瑛大师《爱教必须爱国》一文，文中这样写道：“中国佛教徒既获得了宗教信仰自由，他们与新中国其他各界人民一样也热爱祖国……”

1952年10月，圆瑛大师以75岁高龄出席在北京召开的亚洲及太平洋区域和平会议。1953年8月，圆瑛大师在圆寂前留下的短短遗嘱中以最大篇幅回忆了此次经历，再次表达了对新中国的无限信心：“余以衰年幸逢盛世，去岁进京，参加和会，得见开国之伟大气象及各邦人士对吾国之衷心爱敬，使余于祖国建设与保卫和平事业增加无限信心……”其爱国情怀与民族气节为世人所敬佩。

坐标21 老佛殿 光禄坊玉山涧河沿

老佛殿相传始建于明万历三十年（1602），原为五帝庙。据民国《福建通志》记载："玉山老佛殿在澳门桥西、河之南，祀五瘟神。神之庙城乡厢内外在处有之，在城远者多谓之庵，隶于各城门者多谓之涧。"福州曾有"九庵十一涧"，老佛殿便是其中之一，又称玉山涧。

关涉掌故

虹　桥　古时，老佛殿前有座木构风雨桥亭，俗称老佛亭桥。当时城内许多风雅名士常在这里徜徉酬答，吟诗作赋。后来木桥被毁坏，明万历三十年（1602）修建了一座石桥，桥梁一侧刻着"万历壬寅年仲春十方同立"，字迹依稀可辨。这座桥如今被列为市级文物保护单位，与附近几座古桥合称为"琼河七桥"。

闽山井 老佛殿中原有一口古井，称为“闽山井”。福州老话说，城内有九座山，分别为“三山藏，三山现，三山看不见”。有一种说法是，“三山藏”之一的“闽山”就藏在这口井中。

五瘟神 起源于福州一带的乡土保护神，也被称为五福大帝、五灵公。所指五人为张元伯、钟士秀、刘元达、史文业和赵公明。相传五人夜游，见瘟鬼于井中施放疫毒，五人欲将此事告知乡民，但恐他人不信，乃投井自尽并留书示警。百姓为报恩情，故建庙祀之。古时，城乡多有瘟疫发生，百姓认为五帝能驱除瘟疫，便祭祀祷告祈求护佑。

坐标23 福州清真寺

三坊七巷东侧八一七北路

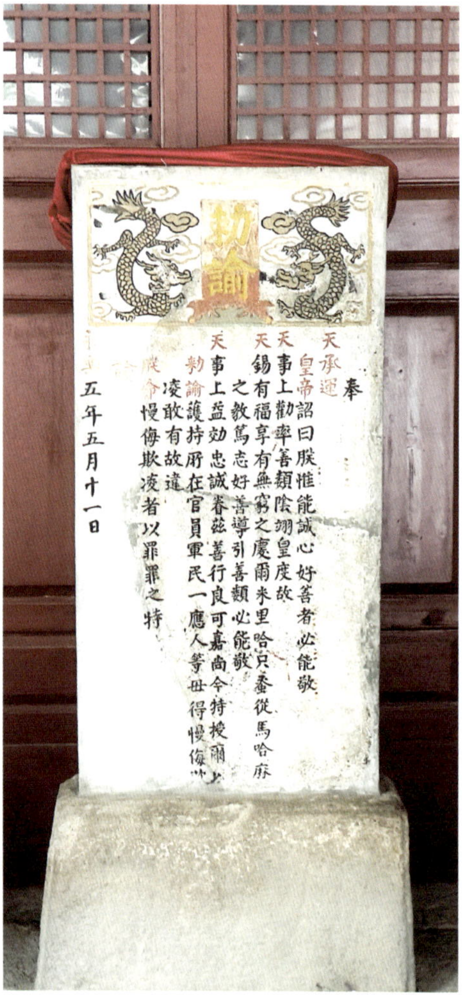

福州清真寺，始建于元初，历经多次重建重修，现有建筑格局为传统四合院式，具有典型的中国建筑特点，是福州市内现有唯一的清真寺，也是福建省内现存的5座清真寺之一。

寺内保存有明朝到民国时期一共7方碑刻。其中极有历史价值的明永乐五年（1407）明成祖朱棣《敕谕》碑，记载了当时善待伊斯兰教及信教群众的文告："眷兹善行，良可嘉尚。今特授尔以敕谕，护持所在。官员军民一应人等，毋得慢侮欺凌。敢有故违朕命，慢侮欺凌者，以罪罪之。"在泉州清净寺，亦有同年所立内容相似的石碑。

坐标24 花巷基督教堂

三坊七巷东侧八一七北路

花巷基督教堂建成于1915年，原名“尚友堂”，在1938年改建为福州市仅有的花岗石墙体礼拜堂。花巷基督教堂所在地最早曾是清末琉球册封使赵新的府第。1911年武昌起义后，福州革命党人曾将该址房屋作为革命军总司令部。中华人民共和国成立初期，这里成为福建省基督教开展“三自”爱国运动、支援抗美援朝的重要场所。爱国侨领、民主革命家、基督教徒黄乃裳曾在此留下过战斗足迹。

关涉名人

黄乃裳（1849—1924） 闽清人。他以赤诚热烈的爱国情怀书写了充满传奇色彩的一生。

黄乃裳生活于近代中国最为黑暗的时期。目睹外力之侵迫、国力之孱弱、民治之腐败、社会之颓落，他痛心疾首，渴望“有所效力于国家”。黄乃裳曾致力办报，热心教育，支持创办了福州英华学校，寄望能够以此开启民智。然而随着甲午战败，日益深重的民族危机使他认识到腐朽的封建制度必须变革，这也促使他为寻求救国之道奔走疾呼。

维新变法失败后，黄乃裳冒着生命危险通知康有为、梁启超出走避祸，而后才离京返闽。在家乡，新的危机又令黄乃裳忧心不已：闽地本就苦瘠，鸦片战争后，许多农民和手工业者失去生计，被迫沦落海外，当契约劳工、卖苦力，有些人还失去人身自由。为改变这种惨况，黄乃裳萌生了一个大胆的想法：组织贫苦乡亲下南洋，“觅一地旷人稀之处”，开辟一片新的生活天地。1900年，黄乃裳历经艰辛，终于在马来西亚沙捞越的诗巫选定了实施宏大拓荒计划之地，遂与当地政府签订了开垦条约，承包了诗巫的垦殖权力，并将此地命名为“新福州”垦场。随即，他回国招募了一千多名乡亲分批来到垦场，同他们一道披荆斩棘、艰

苦创业，历经五个春秋的苦心经营，终于让原先的荒凉之地呈现一派欣欣向荣的景象。百年后的今天，诗巫已成为一个繁荣美丽的城市，这里的华人大多为福州人后裔。百年来，闽籍华侨华人为这座城市的发展所做出的贡献，也为两国人民永久地感念和铭记。

黄乃裳没有停下救亡图存的脚步，他义无反顾地追随孙中山先生走上民主革命道路。1911年，武昌起义爆发，全国革命浪潮风起云涌。当年11月，黄乃裳以同盟会福州地区负责人的身份，与驻闽新军领导人共同商定武装起义计划，并受命编练炸弹队配合作战。起义当日凌晨，黄乃裳率300余人组成的队伍，准备在夜色掩护下赶赴位于花巷尚友堂的总司令部，援助城内起义。队伍在行进中需要选一名旗手擎旗在前，黄乃裳自告奋勇说："旗手不用选了，我今年63岁了，剩下的日子不多了，就让我给大家当一回旗手吧！"于是，茫茫夜色中，黄乃裳高擎十八星红方大旗，大队人马紧随其后奔向战场……经过一天的激烈战斗，清军节节败退，十八星旗最终牢牢插上了于山之巅，福州全城光复。事后，黄乃裳在给友人的信中自豪地说："裳平生最得意之事则此，十九日（指农历起义日）从后迄今，为最踌躇满志之时，虽死无憾矣！"

闽商流芳

通江达海的商业传奇

肆

坐标6 南后街

坐标20 刘家大院

福建这片热土不仅崇文重教，而且重商守信，一代又一代闽商筚路蓝缕、奋力开拓、勇立潮头、爱国爱乡，凭借与生俱来的闯劲，演绎了通江达海的商业传奇和爱拼会赢的人生传奇，形成了令人称道的闽商文化，造就了独树一帜的闽商精神。

自古商贾云集的三坊七巷，更是留下了一代代闽人闯荡商海的多彩印迹。在文儒坊的唐罗城遗址考古中发现的宋代巷路，具有前店后坊的形式，印证了当时福州最繁华的商业街区就在三坊七巷这一带。北宋名儒龙昌期在福州讲学时留下的诗句“百货随潮船入市，万家沽酒户垂帘”描绘了当时这里商贸繁荣的景象。

坐标 6 南后街

作为三坊七巷中轴线的南后街，自古洋溢着浓郁的文化商贸气息。由于这里是官宦缙绅、文人学者聚居地，裱褙、古玩、刻版印书等店铺应需而兴，尤其是林立的书铺令省内外学人趋之若鹜。当时，许多闽籍文人及浙赣寓闽文士的著作，多由这里的刻书坊雕版刊印，包括林纾笔译的《巴黎茶花女遗事》、严复翻译的《天演论》等，不胜枚举。清末广东举人王国瑞在游览此地时不禁感慨："正阳门外琉璃厂，衣锦坊前南后街。客里偷闲书市去，见多未见足开怀。"

三坊七巷不仅走出了闯荡风云的商业骄子，还产生了许多入户走心的知名品牌。单就今天还能在坊巷间品尝到的特色美食而言，就有不少是传承百年的老字号。

清咸丰年间，潜心研制出"鼎日有"肉松的厨工林振光，让香酥的肉松由光禄坊早题巷口的作坊飘香榕城，远销四海，誉满五洲；清光绪年间，在南后街开办"同利肉燕"店的陈官燃，不仅让福州的酒宴多了一道品牌菜，也让肉燕跟随远游的福州人征服了更多人的味蕾；清末民初，将台湾打鱼丸技艺带回福州的刘必松，靠着代代相传的精湛工艺，让开在塔巷的"永和鱼丸店"成为福州人的记忆之味……

还有许多诸如寿山石雕、脱胎漆器、软木画、牛角梳等"物小名大"的工艺品，声名远播海外，也成为连接福州与世界的特殊媒介。

如今三坊七巷经过多年保护开发，还原了南后街原有商业街

市功能，传统工艺比比皆是，非遗特产琳琅满目，更有许多新业态不断涌现，传统老字号与国潮新风交错汇聚，已成为福州新的文化商业聚集地。

坐标20 刘家大院 光禄坊中段

光禄坊中段有四座并排相连的清式建筑，总面积4500多平方米，几乎占据半条街，乃是享有福州民族工业奠基者美誉的“电光刘”家族的宅第。老福州人的记忆中，中华人民共和国成立前，福州有三座最高的建筑：“一座是乌塔，一座是白塔，另外一座便是刘家的烟囱。”刘氏家族的显赫过往，就这样以最直观的方式广为流传。

刘家祖籍河北龙山，祖上世代为官，特别是第十五代刘齐衢、刘齐衔兄弟于清道光年间同榜考中进士，传为一时佳话。刘齐衔一生历官户部主事、浙江按察使、河南巡抚等，为官30余年，躬节俭，善理财，为后代创业积累了雄厚资本。他的7个儿子中，富有经商才华和冒险精神的刘学恂，曾创办了福州第一家糖厂，又改营纸业，但因经营不善相继失败。直到1910年，刘学恂在海外留学的儿子们不负期望将新思想、新知识、新技术带回家族。刘崇佑、刘崇伟、刘崇杰、刘崇伦、刘崇侃等五兄弟集资创办了“福州电气股份有限公司”，在新旧交替的年月，“电光刘”的商业传奇揭开新篇。

次年，电气公司开始向福州城区供电。紧接着，刘氏兄弟围绕电力产业拓展其他领域业务，接续创办了福州电话股份有限公司、煤矿公司、铁工厂、玻璃厂、精米厂、炼糖厂、制冰厂等20余家企业，形成规模庞大的刘氏工业集团，同时带动了福州近代民族工业的发展。

富起来的“电光刘”家族不忘回馈社会，以利民生。20世纪

30年代，刘家于电气公司特设“农村电气化部”，成功建设洪山桥电气化农场，在全省首创电力灌溉实验，以工业反哺农业，带动农村发展；在福建各地建设水电站，开采地矿资源，振兴民族经济；投建国内最高的输电塔，搭架过江输电线，扩大城内供电范围；重金购置美制史端乔自动交换机，大大提高福州通讯水平，据说，这套设备一直伴随福州人步入改革开放大道，至1980年才退出历史舞台。

今天，位于光禄坊的刘家大院花厅被辟为三坊七巷名人家风家训馆，正厅悬挂的龙山刘氏家训依然醒目：“国治家齐，学崇业广。著谟彰绩，逢吉迪康。中正为本，宽厚宜遵。咸尚笃诚，聿昭矩法。”家训的背后，有这个儒商世家聚力做大生意的苦心

经营，亦有着舍生取义的家国情长。

刘家企业的核心人物刘崇伦，人称“电光五”，在九一八事变前，他偶然阅读到一份报刊上转载的“田中奏折”。其中血淋淋的文字将日本的狼子野心暴露无遗，也让曾留学日本、目睹日本国内实行军事独裁的刘崇伦警觉。一个念头在他脑中闪过：“中国决不能蒙在鼓里，决不能睡在梦里。”为了让更多国人“知暴敌侵略之将至”，他火速赶到上海印刷局，下单批量印制这份暴露日本军国主义罪恶阴谋的“田中奏折”，并派出一批人手向全国各地机关单位、报刊用户大量投递散发。1937年，日本侵华战争全面爆发，就在这一年，刘崇伦与其侄在一次返家途中被特务绑架，惨遭秘密杀害。

次年，排行最小的刘崇佺也牺牲于日寇炮火中。刘氏兄弟中唯一没有参加电光事业的刘崇佺，在美国留学期间，感慨于“各国竞习航空而我独无觉”，决定放弃原来的专业，转而投身航空领域的学习。九一八事变后，学成归来的刘崇佺一心驾机杀敌，尽管从军梦尚未实现，但在中国航空公司担任飞行师期间，他常常冒险往返沪平津线，凭借过硬的技术多次化险为夷。直到1938年8月的一天，刘崇佺驾驶民航机，在广州上空遭遇日寇战机围攻，被击中落水，当场牺牲，年仅38岁。此前不久，家人曾劝他放弃飞行，但这位固执的年轻人不为所动，坚信总有一天在抗日救国的战场上自己会有用武之地，并说：“吾之生命，当有所取偿而付诸国家耳！”

身为长兄的刘崇佑，在刘氏家族企业中的参与度也不高，他的建树在法律领域，被周恩来评价为“中国一位有正义感的大律师”。刘崇佑早年赴日本早稻田大学攻读法律专业，回国后创办福建私立法政学堂，是民国著名大律师，立志“律师应仗人间义”。五四运动后，刘崇佑为爱国进步青年辩护并获胜。著名女作家冰心旁听了庭审，在《晨报》上发表文章，记录了这场令全堂坠泪的精彩辩护。

“一二·九”运动中，周恩来等进步学生被囚半年，经刘崇佑大力营救出狱。他在法庭上严正指出：“爱国救国本是合乎公理民意之壮举，根本谈不上触犯刑律， 如果政府认为他们触犯了小日本的刑律，那我们就不得而知了！”这一精彩辩护使法官无从辩驳，只能勉强以羁押、罚款、释放结案。后来，周恩来赴法留学时，刘崇佑又赠银资助成行，其间还曾为其提供生活费用。

抗日战争之初，沈钧儒、邹韬奋、史良等“七君子”因致力抗日救国运动而被当局囚禁，刘崇佑担任“七君子”的首席辩护人。他有力驳斥了反动政府的诬陷，义正词严说：“国家到了今天的地步，做中国人，有哪一个不要救国？救国，是一种义务，也是神圣的权利，谁敢侵犯这种权利……”在场者无不动容，后在社会各界的强烈呼吁和营救下，“七君子”终于获释。

20世纪30年代后，在时局动荡和家庭变故的叠加重压下，刘家式微。尤其福州两度沦陷期间，电气公司遭受日寇敌机多次重点轰炸，情况更是雪上加霜。然而，以刘永业、刘洪业为代表的刘家子孙依然坚韧不屈，劳心劳力苦苦支撑着家族企业。至福州解放前夕，面对国民党反动势力蓄意破坏的阴谋，刘家人积极配合中共地下组织开展统一战线工作，组织动员工人进行“护厂”斗争，死守公司大楼内的资产档案和电力设备，保障了福州解放当天全城灯火通明。

家大业大，不如国之大。福州一代商业巨贾的兴衰历程让人在唏嘘中更深体会到国泰才有民安、国强才能家富的真理。

中华人民共和国成立后，刘永业历任民建省委会副主委、市工商联主委、省工商联主委、全国工商联常委等职。抗美援朝期间，刘永业带领福州市民主人士和工商业者踊跃捐款，购买战机支援前线。在社会主义改造的热潮中，刘永业、刘洪业等刘氏后人再次积极响应政府号召，使福州电厂、福州电话公司相继实现公私合营。“电光刘”家族企业从此融入新生共和国经济建设的浪潮之中，而刘家后人也继续活跃在各个领域，为社会主义现代化建设贡献力量。

关涉掌故

掫均尻　刘家大院门口悬挂一方牌匾，上面林则徐所书“掫均尻”三个大字，常会吸引游人驻足揣摩其背后深意。这块牌匾是林则徐题赠好友兼亲家刘家镇的。刘家镇即林则徐大女婿刘齐衔的伯父（亦是嗣父），喜爱研究音韵学。“掫”同“披”，

“均”同“韵”，“凥”同“居”，三个字读作“pī yùn jū”，意为研究音韵学的处所。

关涉名人

郁达夫（1896—1945）　著名作家、革命烈士。1936年至1938年，郁达夫来闽任福建省参议，其中有一年就住在刘家大院花厅的厢房。在福州，郁达夫号召文化界积极开展抗日救亡活动，被公推为“福州文化界救亡协会”理事长。他曾在寓所为文学青年程力夫题词：“我们这一代，应该为抗战而牺牲。”1938年春，母亲拒做亡国奴、绝食而死的消息传到福州，郁达夫悲恸欲绝，在刘宅设灵堂遥祭，并书写一联：“无母何依，此仇必报”。

1938年末，应《星洲日报》邀请，郁达夫前往新加坡参加抗日宣传。1942年，郁达夫参加了由陈嘉庚领导成立的“新加坡文化界抗敌联合会”，被选为联合会主席。不久，新加坡沦陷，郁达夫流亡印尼苏门答腊岛，化名赵廉，因精通日语被日本宪兵胁迫当了7个月翻译。其间，他暗中救助、保护了大批文化界流亡难友、爱国侨领，后被日本宪兵杀害。

抗战胜利后，陈嘉庚曾对中共党员国外统一战线负责人夏衍说：“那时郁达夫不仅掩护了我，还援救了许多被日本人逮捕的华侨。”2014年，民政部公布第一批300名抗日英烈和英雄群体，郁达夫就位列其中。

两岸同根

绵延不断的血脉和文脉

伍

闽台一衣带水、渊源深厚。被称为“闽台渊源彰显地”的三坊七巷，历史上更是涌现出一大批为开发、建设和保卫台湾做出卓越贡献的仁人志士。无论是戍台御海、兴学弘文的武将文儒，还是与台湾世家联姻的名门，都成为镌刻在坊巷里的深深记忆，见证着海峡两岸紧密相连的血脉和代代相承的文脉。

2008年，“三坊七巷—朱紫坊”建筑群因涉台人物多、涉台文物多、在台后代多，被国家文物局定义为整体性的涉台文物建筑群，并有29处古迹列入国家文物局涉台文物目录。

今天，这里成为两岸交流、融合发展的重要载体。来到三坊七巷的台湾同胞，在如波涛般起伏的重重马鞍墙的指引下，寻访一座座承载闽台记忆的古厝民居，也让血浓于水的两岸亲缘继续在坊巷绵延……

坐标 3 严复故居 郎官巷20号

严复（1854—1921）是近代著名启蒙思想家、翻译家、教育家。“严谨治学，首倡变革，追求真理，爱国兴邦”是对严复一生的充分肯定。

在近代中国救国救亡、求富求强的道路上，严复是将西方经济学引进中国的最具代表性人物之一。在1896年到1902年间，严复完成了亚当·斯密《国富论》的中文翻译，希望用现代经济学启迪国人，破除历来重农抑商的思想束缚。他还翻译了《天演论》等西方著作，创办了《国闻报》，系统介绍西方民主科学思想，宣传维新变法思想，将社会学和自然科学介绍到中国，是中国近代史上向西方寻找真理的“先进的中国人”之一。严复提出的“信、达、雅”的翻译标准，也对后世产生了深远影响。

严复一生曾与台湾有过多次交集。他早年作为马尾船政学堂第一批毕业生，随同沈葆桢渡海赴台，参与测量台东旗米各海口地形。1895年《马关条约》签订，日本侵占台湾，严复愤慨之下以笔杆为武器，发出“自强保种”的呐喊，激励国人团结抗敌、反对割台。1918年，严复回到福州为三子严叔夏和“板桥林家”小姐林慕兰操办婚礼。林慕兰之父林尔康在甲午之战后不忍割台之辱，举家来到福建，曾居杨桥巷。严叔夏与台湾“板桥林家”小姐的姻缘，使得严复子孙后裔跨越海峡枝繁叶茂，并在闽台两地交往中发挥重要作用。

严复于1920年底迁回福州，居住于郎官巷，到1921年病逝，虽时间不长，但这处故居多次出现在他晚年的诗文中。在给友人的一封信札中，严复特别提到“还乡后，坐卧一小楼，看云听雨之外，有兴时，稍稍临池遣日”。

关涉名人

林　纾（1852—1924）　中国近代文学家、翻译家、书画家，福建理工大学前身“苍霞精舍”的重要创办人，童年曾住在光禄坊玉尺山房。

康有为在一首酬答林纾的诗里，将其与严复并论：“译才并世数严林，百部虞初救世心”。这在一定程度上反映时人对“译界双璧”的肯定。严复、林纾两位同乡的人生轨迹颇为相似。严复任京师大学堂译书局总办时，林纾即为译书局笔述之一。这两位饱学之士也曾同为商务印书馆重要译者，不识外文的林纾，通过他人口译他再笔述的方法，完成了美、法、日、俄、英等国180多部小说的翻译，特别是商务印书馆出版的“林译小说”风靡一时，向国人介绍了大批世界名著，对中西文化和文学交流影响深远。

“我念国仇泣成血，敢有妄言天地灭。”本以“读书则生，不则入棺”为志的文人林纾，在浩瀚的译作中倾注了以文报国的壮怀激烈。《黑奴吁天录》的翻译正是《辛丑条约》的耻辱笼罩之时，林纾在序言里竭力呐喊“触黄种之将亡”，期望此书能“为振作志气、爱国保种之一助”，在当时产生抨击时弊、启蒙民智的重要影响。

严叔夏（1897—1962） 严复第三子，继承了父辈爱国图强和追求真理的思想，写下了一个中国党外知识分子追求真理、向往光明的人生篇章。

严叔夏曾任职于协和大学、福州大学等多所高校，桃李满天下，享誉士林。抗日战争胜利后，其妻林慕兰劝他一起迁居台湾，但他独留福州任教。1947年，严叔夏经林植夫、周问苍介绍参加中国民主同盟，此后更积极地参与进步活动。中华人民共和国成立后，严叔夏被选为民盟福建省委会常委、民盟福州市委会主委。1952年，严叔夏调任福州市副市长，分管文教工作，1956年被增选为福州市政协副主席。他特别重视发展工农业余教育，还亲自审读扫盲课本，为新中国文教事业贡献力量。

严　侨（1920—1974）　严复长孙，严叔夏之子。严侨出生之时，严复带着对国家富强的期盼，效仿陆游写下示儿诗：“震旦方沉陆，何年得解悬？太平如有象，莫忘告重泉。”严侨在郎官巷长大，后就读于福建协和大学，并在此加入中国共产党。1950年，严侨携妻子乘小木船来到台湾，任教于台中一中，并从事中共在台地下工作。任教期间，严侨因学识丰富和人格魅力而闻名。严侨后被捕，关在火烧岛7年。2003年，民政部追认严侨为烈士。

严倬云（1924—2025）　严叔夏长女，严复三孙女，出生于郎官巷，1946年随母亲到台湾，1949年与辜振甫结婚。严倬云是

台湾妇女界著名人士，一直热心社会公益、慈善事业，积极推动两岸妇女界的交流与合作。1993年，严倬云陪伴丈夫、时任台湾海峡交流基金会董事长辜振甫，参加“汪辜会谈”，在两岸关系发展史上写下浓墨重彩的一页。

2004年，严倬云曾回到福州出席纪念严复诞辰150周年大会。今郎官巷严复故居厅堂上方有一块“吾宗之光”的匾额（严复原名宗光），即是严倬云谒献。

关涉展馆

严复翰墨馆 位于南后街7号，是收藏严复相关文物最多的民办博物馆，展出严复信札、手稿、书帖等各类真迹300余件。2017年12月，严复书法陈列展在故宫博物院的延禧宫开幕，严复翰墨馆也成为唯一进入故宫办展的民办博物馆。

坐标 8 郭柏荫故居 黄巷4号

郭柏荫故居始建于明末，以清代候官人郭阶三家中“五子登科”闻名八闽。

郭柏荫（1807—1884）是晚清名臣，官至湖广总督。道光十八年（1838），郭柏荫由浙江道御史转山西道。当时，对台湾的管治相对薄弱，郭柏荫深忧“该府孤悬海外，民番杂处，奸宄众多”，认为若不强化台湾岛管辖，民生势必多艰。因此，他上奏朝廷加强台湾管治的诸项事宜。时任闽浙总督魏元烺遵旨将郭柏荫条陈的各项涉台事宜逐项落实，大大促进了当时台湾社会的稳定发展。

郭柏荫还对台湾教育的发展起到重要作用。光绪元年（1875），他辞官回乡，主讲于鳌峰书院。鳌峰书院为清代福州四大书院之首，是台湾岛内学子的求学圣地，许多学子也因此拜入郭柏荫门下，如台湾淡水厅光绪乙亥（1875）举人李藩岳等。一些学子学有所成，赴台任教，对台湾教育贡献颇多。

自康熙年间台湾设府以来，大批闽人移居台湾。郭氏家族几代人奉命前往台湾，或兴学，或抚垦，或办实业，留下了特殊印记。郭氏一族的台湾情，也是两岸情深、血浓于水的真实写照。

关涉名人

郭柏苍（1815—1890） 博物学家，一生致力于福州水利建设和地方文献研究整理，其中很多著作都涉及台湾。以《闽产录

异》为例，郭柏苍在书中如数家珍地记述了大量两岸物产，并将各地物产进行分类比对，如："谷属：闽谷以福州为最，泉、漳、台湾次之。好谷：即香米，出漳属各县、台湾、汀州。"这些详细记载，充分证明当时海峡两岸物贸畅达、交流频繁。

郭柏荟（1819—1876） 曾任台湾教育官员。1874年，日本侵犯台湾，年过半百的郭柏荟毅然前往还是蛮荒之地的台湾噶玛兰（今宜兰）开辟新学。他在给四哥郭柏苍的信中写道："穷海苍茫外，家书一纸还……蛮烟和瘴雨，咫尺迫南关。"尽述开辟新学之艰苦、思亲之深切。郭柏苍对小弟跨越海峡普及教育的艰辛十分理解，他回信鼓励："习俗维新亟，人文创始艰。惠休有兄弟，应更忆乡关。"

郭绩昌（1847—1898） 曾襄办台湾抚垦事宜，后调补台湾凤山县学教谕，还参与了抵御日寇侵台的战斗。据说，郭绩昌在当地很受敬重，离开台湾时"士民至牵衣泣别"。

坐标10 福州台湾会馆 黄巷51号

福州台湾会馆前身为“台南、台北两郡试馆”，为清末专供台湾士子来榕参加福建乡试、进京会试时的栖息之所，留存着那段苦读者跨海应试的独特记忆。原址位于中山路原贡院附近，今已不存，福州市于2018年择黄巷复建此馆。

台湾长期隶属福建，清朝大批台湾学子须到福州参加乡试或进京会试。时任福建台湾兵备道兼提督学政刘璈，不忍台湾考生奔波之苦和居住艰辛，屡次提议，多方筹措，终于在福州建起可住300余人的试馆，让赴考的台湾学子有了安逸的下榻之处。

复建后的福州台湾会馆，在总面积1611平方米的宅院里，分为历史主题展区、当代专题展区、交流活动区、配套功能区等四个区域，通过丰富的史料文物，让游客回溯闽台科举制度的渊源、榕台民众交流的历史，沉浸式感受闽台文脉在互动往来中的赓续传承。

关涉名人

清代，台湾设儒学，其教育文化多移植自省城福州。随着大量福州士人赴台担任官学职务、执掌书院或担任讲席，儒学和闽都文化持续输入台湾，极大地促进了台湾文教事业的发展和中华文化的传播。据统计，清代在台湾担任教授、教谕、训导的646人中，福州籍就有192人。曾住光禄坊“怀藤吟馆”的刘家谋（1814—1853）便是其中重要人物之一。清道光年间，刘家谋任

台湾府儒学训导，他怜才爱士，勤于执教，为人师表，后因劳累病卒于任上，年仅40岁。刘家谋留存于世的《观海集》中对台湾风土人情及官吏施政利弊皆有论述，更涉及台湾的海上交通和对外贸易。据说，他去世后，仆人护棺回榕途中遇到海匪，当对方得知丧主是刘家谋，乃拱手而退。

此外，三坊七巷走出的涉台名人中，还有曾居光禄坊，对台湾诗坛影响很大的清初著名诗人黄任（1683—1768）；居黄巷，促成清朝设置台湾宜兰政区的梁上国（1750—1818）；居光禄坊，曾任彰化教谕的周长庚（1835—1893）；居文儒坊，曾为福建台湾巡抚刘铭传幕友的硕儒陈衍（1856—1937）；居鳌峰坊，曾任台澎要港司令的民革先贤李世甲（1894—1970）等。

坐标 16 沈葆桢故居

宫巷26号

沈葆桢（1820—1879），中国近代海军奠基人之一，洋务运动的重要代表人物。“葆桢”之名据说是其舅舅林则徐以“永葆桢干之意”所取，其妻林普晴则是林则徐的次女。沈葆桢故居在2006年成为第六批全国重点文物保护单位。

同治五年（1866），左宗棠调任陕甘前，举荐沈葆桢接续筹建马尾造船厂。次年，沈葆桢被任为总理船政大臣，苦心经营福州船政七年之久，在中国近代造船、航运、海军发展史上留下浓墨重彩的一笔，更培养出邓世昌、刘步蟾、萨镇冰等大批杰出人才，对推动中国近代工业化的发展意义非常。

同治十三年（1874），日本以“牡丹社事件”为借口，悍然出兵台湾，妄图久踞。沈葆桢以办理台湾等处海防兼理各国事务大臣临危受命，调兵遣将，率舰驰台。赴台前，沈葆桢与文煜、李鹤年联名上奏，揭露日本侵略野心，提出“联外交、储利器、储人才、通消息”等“保台四策”。之后，沈葆桢指挥包括船政自制“安澜”“飞云”“伏波”等船在内的舰队，完成了万余人的台海大调兵，使台湾防卫力量迅速提升，大大震慑了入侵者。

抵台后，沈葆桢立即照会日本陆军中将西乡从道，严正声明对台主权：“无论中国版图尺寸不敢以与人。”同时，沈葆桢积极着手加强台湾全岛海陆防务，调集精锐、派舰驻防、建造炮台、储备弹药、筹集军费，使士气和民心大振。虽最终未能实现将日军“尽歼于海隅”的计划，但迫使日军退出台湾，坚决捍卫了国家领土主权的完整。驱日保台后，沈葆桢继续留台整顿防

务，并着手进一步开发、建设台湾，相继提出设台北府、移福建巡抚驻台等一系列治台政策建议，实施“开禁、开府、开路、开矿”四大措施，促进了台湾政治、经济、工业、交通的近代化。

沈葆桢历任要职，却一生清俭、宦囊萧然，于身后之名更是豁达：“我无善行可纪，身后如行状、年谱、墓志铭、神道碑之类，切勿举办，多一谀词，即多一惭色也。”清风为证，明月可鉴。如今，在台南二鲲鯓炮台遗址的城墙上，沈葆桢当年手书的“万流砥柱”“亿载金城”仍余威赫赫。

关涉名人

沈有容（1557—1627）　出身文儒世家，家住吉庇巷，《明史》称其“幼走马击剑，好兵略”。沈有容曾解“荷侵澎湖、倭窟台湾”之患，一以勇胜，一以智胜，为保卫台湾做出了重要贡献。

万历三十年（1602）冬，倭寇占据台湾西海岸，四处劫掠，使商贾渔民不得安生。次年1月，沈有容奉命征剿，船队在澎湖遇到台风，即使24舟仅余14舟，他仍顶着烈风暴雨、滔天巨浪，随潮出没，拼死渡海，最终大破倭寇，收复大员（今台南安平），救回被掳渔民370余人，使“倭遂去东番，海上息肩者十年”。当时，跟随沈有容来到台湾的福建儒生陈第撰写的《东番记》，是最早记录台湾居民生活习俗与地理风光的重要文献。万历三十二年（1604），荷兰人韦麻郎率三艘重装大船以“通译求市”之名图谋占据澎湖，无视福建官员多次警告并役使当地居民“伐木筑舍，为久居计”。面对船坚炮利的荷兰人，沈有容“先声后实”，“单艇见虏”，宣示主权，指陈利害。据《明史》记载，当时场面紧张，面对其间“露刃相诘”，而“有容无所慑，盛气与辩”。《泉州府志》记载，沈有容“声韵雄朗，意气磊落”，“濒海之民，咸颂其德”。不久，韦麻郎迫于压力率舰队退去。当地人为记其功，立有“沈有容谕退红毛番韦麻郎碑”，现仍藏于澎湖天后宫，留下了两岸血脉相连不可磨灭的历史印记。

何　勉（1680—1752）　曾居光禄坊。清代戍台总兵，因卫台有功连升三级。任福建台湾镇总兵期间，他捐资建设了规模宏大的总镇营盘，中建总镇署衙门，使台湾有了正规的军事指挥部。如今在台湾很有名的“总爷街”便由此而来。他还曾变卖家产，捐谷千石在台湾赈饥，深得当地百姓爱戴。其子何思和也曾任台湾镇总兵，并卒于任上。

甘国宝（1709—1776） 任福建水师提督时曾在文儒坊购买住宅，即文儒坊28号，后湮没不存。两度戍台担任挂印总兵，不仅为巩固海防、驱除倭寇、保卫台湾做出了重要贡献，而且团结台湾少数民族同胞，教民农耕，以文化民，使台湾“兵安其伍，民安其业”。他离台履新时，当地百姓“群致万民衣伞，父老有操舟送至鹿耳门而不忍去者”。当他去世的消息传到台湾，全岛“士叹于庠，民哭于市”，纷纷建祠设祀，以彰其德。如今，甘国宝已成为闽台相亲的一个重要文化符号，与他有关的影视、戏剧作品在闽台地区广为流传。

梁鸣谦（1826—1877） 曾居文儒坊，是沈葆桢巡台期间，协助治台有功的重要人物。他随沈葆桢视台兼办各国通商事务，提出改革台湾地方建置、筑碉堡、增设炮台等主张，均被采纳。他还倡议为郑成功建祠以弘扬正气，并代撰楹联：“开万古得未曾有之奇，洪荒留此山川，作遗民世界；极一生无可如何之遇，缺憾还诸天地，是创格完人。”

四海一家

同心者不以山海为远

陆

坐标14 吴孟超院士先进事迹展示馆

坐标15 福州市海上丝绸之路展示馆

坐标18 福建华侨主题馆

福建人移居海外，已有上千年历史，华侨华人众多是福建省情的一个重要特点。这群足迹遍布五洲四海的游子，赤子之心却始终紧紧连着念兹在兹的那片热土。

他们曾于民族危亡之际，毁家舍业，共赴国难；也曾在祖国建设之时，倾尽全力，建功立业；他们寄回侨批侨汇，他们建造侨厝侨校，他们在世界舞台讲述中国故事，传播中国声音，展现中国形象。他们的根，他们的魂，他们的梦，始终同中华大地，同中华文化，同中华民族紧密相连……

坐标 14 吴孟超院士先进事迹展示馆

文儒坊21号

吴孟超（1922—2021），闽清人，马来西亚归侨，中国科学院院士，中国肝脏外科的开拓者和主要创始人之一，被誉为“中国肝胆外科之父”。

吴孟超在5岁时跟随母亲来到马来西亚投奔父亲，一边帮父亲在庄园割橡胶，一边刻苦读书，他曾形容这段割胶的经历“是最早的手术训练”。1940年，吴孟超决心回国抗日，但由于时局动荡去不成延安，只能留在昆明求学，走上读书救国之路。1943年，吴孟超考入同济大学医学院，毕业后在华东军区人民医学院第一附属医院工作。1956年，他参军入伍，投身军医大学，主攻肝脏外科研究，后成功完成世界上第一台人体中肝叶切除术，仅用7年时间就将中国的肝脏外科提升至世界水平。

从“割橡胶的手”到“拿手术刀的手”，吴孟超从医78年，主刀完成1.6万多台肝胆手术，救治1.6万余名患者。他回首往事时曾说：“回国，学医，参军，入党，这四条路的正确选择才让我能真正实现了自己的人生价值。”

这座展示馆，讲述了吴孟超从童年下南洋谋生、青年回国抗日到从医从军报国的历程，展现了这位闽籍归侨“爱党爱国爱民”的赤子情怀，以及“披肝沥胆力拓医学伟业，培桃育李铸就精诚大医”的崇高风范。

坐标15 福州市海上丝绸之路展示馆 文儒坊17号

福州派江吻海，是海上丝绸之路的重要枢纽城市，在长期的对外经贸文化交流中，留下了丰富的历史文献、文物史迹和考古遗存，见证了福建人不惧万难、闯荡世界，在各地守望相助、落地生根的轨迹，也见证了中华民族对外交往的历史。

福州市海上丝绸之路展示馆，设在清代至民国四代经商的尤氏家族旧宅。这座清代福州民居建筑的典型代表、曾经是商界巨富的宅院，经过悠悠岁月，依然格局井然、雅致非常。进门可见的巨大宋代木碇，厅堂上高悬的“海不扬波”木匾，院落池中静置的福船，皆尚有当年云帆高张的气势。全馆文化元素丰富，生

动展示了福州在海上丝绸之路发展中的重要地位与重要作用。

尤氏家族可与“电光刘”家族媲美。首位创业者尤孟彪白手起家，从学艺缫丝铺，到开缫丝作坊，再到后来在宫巷口开办恒盛丝线店，积累了一定的资产。其子尤贤模继承了父亲的缫丝绝活，以及货真价实、童叟无欺的经营之道，逐渐拓展业务，将商务范围由福建省内扩展至上海、香港等地，使尤氏家族成为当时福州举足轻重的大工商业家族。

尤家鼎盛时曾在文儒坊、闽山巷至衣锦坊拥有6座13进宅院，几乎占去半条坊巷，被称为“尤半街”。到了第四代，尤氏三兄弟经营的台江百龄百货，竟使“到福州必到百龄”成为一时风尚。然而，20世纪30年代，时局动荡、战火涂炭中的尤氏家业无可奈何走向衰败。直至1956年，百龄百货实现公私合营，才又重获新生。

坐标18 福建华侨主题馆 宫巷11号

福建是侨务大省，旅居世界各地的闽籍侨胞约2000万人，分布在全世界190多个国家和地区，每4位华侨华人中就有1位是闽籍乡亲。

2019年，福建华侨主题馆设在刘冠雄故居，集中展示珍贵的侨批档案、涉侨文物等重要遗存，向到访者讲述向海而生、异乡打拼的华侨历史，追求真理、功绩卓著的华侨翘楚，融通中外、心系家国的华侨精神，延续久远、丰富多彩的华侨文化。

近年来，华侨主题馆“赤子情怀——闽籍侨胞百年爱国故事”“同向同心同行——陈嘉庚与中国共产党”“庆祝二十大　侨心永向党”等主题展览的陆续举办，以及福建新侨人才联谊会、福建海外杰出女性联谊会、福建华侨摄影家学会等团体的入驻，使这处闽籍侨胞联络联谊的交流基地、华侨爱国主义教育基地更聚人气、更具内涵。

其他

柒

近年来，不断有新的统战工作载体、平台、基地在三坊七巷萌芽生长、抽穗拔节，同心智慧、同心力量在这里不断汇聚。

坐标 9 唯美客文创聚落 黄巷43号

唯美客是中央统战部确定的“全国新的社会阶层人士统战工作实践创新基地第二批重点项目”，省、市、区三级统战部门挂牌设立的“新的社会阶层人士交流活动基地”。唯美客创新“艺术+商业”模式，打造“文创+交流”平台，发挥“聚才+开路”作用，在“组织起来、加强引领、发挥作用”上下功夫，积极发挥新的社会阶层专业人才优势，为基地发展与新福建建设凝聚了智慧、汇集了力量。

目前，唯美客文创聚落已有200多位创业青年入驻，举办了数百场文化交流活动，并吸引了上千位来自全国各地的自由原创音乐人来此交流，成为福建省新的社会阶层人士联谊交友、共谋发展的重要平台。

坐标17 福建省港澳青年（福州）同心交流基地

南后街7号

2023年4月13日，福建省港澳青年（福州）同心交流基地在三坊七巷成立，为在闽港澳青年就业、创业提供政策咨询、技术支持、市场推广、投资推荐和实习岗位等全方位服务，成为在闽港澳青年温馨的“福州之家”。

附录

三坊七巷统一战线人物简表

序号	人　物	生卒年份	曾居地 / 关联地	中华人民共和国成立后任职
1	萨镇冰	1859—1952	朱紫坊、黄巷	第一届全国政协委员，中央人民政府革命军事委员会委员、华侨事务委员会委员
2	王庆彬	1873—1967	大光里	福建省文史馆馆员
3	林心恪	1875—1958	衣锦坊	福建省政协委员、福建省文史馆馆员
4	曾毓隽	1875—1967	安民巷	中央文史馆馆员
5	萨嘉榘	1876—1960	黄巷	福建省文史馆馆员
6	张葆达	1877—1967	洗银营巷	福建省文史馆馆员
7	陈培锟	1877—1964	花园巷	民建中央委员、福建省政协委员、福建省文史馆馆长
8	吴　适	1878—1958	吉庇巷	福建省第一届政协委员、福建省文史馆馆员、福建国画会名誉会长
9	林志钧	1879—1960	道山路西段	国务院参事、中国佛教协会理事
10	陈培源	1879—1964	洗银营巷	福建省文史馆馆员
11	严　骥	1881—1960	文儒坊	福建省政协委员

序号	人 物	生卒年份	曾居地 / 关联地	中华人民共和国成立后任职
12	沈觐扆	1881—1962	宫巷、朱紫坊	福建省政协常委、福建省文史馆馆员
13	翁敬棠	1884—1956	闽山巷	福建省政协委员、福建省文史馆第二副馆长
14	陈曰谋	1885—1959	黄巷	福建省文史馆特约撰述员
15	李午亭	1886—1967	衣锦坊	福建省文史馆馆员、福州市政协委员
16	欧阳勣	1886—1974	衣锦坊	上海市政协委员
17	方 莹	1889—1965	朱紫坊	中国海军研究委员会副主任、福建省政协委员、福建省政府参事
18	何公敢	1889—1977	朱紫坊	全国政协委员、福建省政协委员，民盟福建省委会副主委
19	沈幼兰	1890—1964	杨桥巷	福建省政协委员、福州市工商联委员
20	杨廷纲	1890—1973	洗银营巷	海军司令部研究委员会委员、福建省文史馆馆员
21	林植夫	1891—1965	酒库巷	民盟中央委员、民盟福建省委会主委，全国政协委员
22	林家溱	1891—1965	吉庇巷	福建省文史馆馆员
23	郑贞文	1891—1969	郎官巷	福建省政协委员、福建省文史馆馆员
24	王冷斋	1892—1960	黄巷	民革党员，全国政协委员、中央文史馆馆员、北京市文史馆副馆长
25	曾以鼎	1892—1957	文儒坊	海军研究委员会主任
26	何 修	1893—1962	洗银营巷	福建省文史馆馆员

序号	人 物	生卒年份	曾居地 / 关联地	中华人民共和国成立后任职
27	陈芑洲	1893—1972	南后街	福建省政协委员、福建省人民医院副院长
28	林仲易	1893—1981	光禄坊	全国政协委员、民盟中央委员
29	吴　石	1894—1950	南后街、宫巷	革命烈士
30	李世甲	1894—1970	鳌峰坊	民革党员，福建省政协委员
31	刘　蘅	1895—1998	宫巷	福建省文史馆馆员
32	柯凌汉	1896—1985	文儒坊	民革福建省委会委员、顾问，福建省政协政法工作组副组长，厦门大学法律系主任
33	许显时	1896—1986	衣锦坊	民革中央委员、民革福建省委会主委，福建省政协副主席、福州市副市长
34	严叔夏	1897—1962	郎官巷	民盟福建省委会常委、民盟福州市委会主委，福建省政协委员、福州市政协委员
35	刘栋业	1897—1967	光禄坊刘家大院	全国工商联执委、福建省工商联主委，民建中央委员、民建福建省委会主委，福建省第一届政协副主席
36	刘崇乐	1901—1969		全国人大代表、民盟中央委员
37	刘永业	1909—1997		民建福建省委会副主委、民建福州市委会主委，全国工商联常委、福建省工商联主委，福建省政协常委，福建省人大常委会副主任
38	黄琪翔	1898—1970	黄巷“福建事变”期间农工党中央机关旧址	农工党中央副主席兼秘书长、全国政协常务委员会委员、中央政法委员会委员

序号	人　物	生卒年份	曾居地 / 关联地	中华人民共和国成立后任职
39	黄曾樾	1898—1966	文儒坊	民盟盟员，福建师范学院中文系教授
40	陈子奋	1898—1976	桂枝里	福建省人大代表、省政协常委、省文史馆馆员，福建省美术协会副主席
41	何　曦	1899—1981	大光里	福建省文史馆馆员、福州市妇联执行委员
42	何　震	1900—1967	早题巷	中华人民共和国成立前加入“民联”，为迎接福州解放做过贡献
43	陈岱孙	1900—1997	文儒坊	全国政协常务委员，北大经济系主任、教授
44	冰　心	1900—1999	杨桥路	民进中央名誉主席、全国政协常务委员
45	邓叔群	1902—1970	宫巷	民盟中央委员、全国政协委员
46	叶可羲	1903—1985	塔巷	福建省文史馆馆员
47	林徽因	1904—1955	南后街	清华大学建筑系一级教授，北京市第一届人大代表、全国文代会代表，被特邀参加全国政协会议
48	王　闲	1906—1999	大光里	中国美协会员、福建省文史馆馆员
49	林秀慧	1907—1988	文儒坊	福建省文史馆馆员
50	沈觐寿	1907—1995	宫巷	福建省文史馆馆员、福建省政协委员、福州画院副院长
51	陈桐雨	1908—1982	桂枝里	福建省政协委员、农工党福州市委会副主委、福州市政协常委，福建省中医学会常务理事
52	潘主兰	1909—2001	桂枝里	福建省文史馆馆员、福州市政协委员

序号	人　物	生卒年份	曾居地/关联地	中华人民共和国成立后任职
53	周炳旦	1910—1995	冼银营巷	福建省文史馆馆员
54	郭可诠	1911—1987	黄巷	民革中央团结委员、全国政协委员
55	郭秀仪	1911—2006	黄巷“福建事变”期间农工党中央机关旧址	农工党中央名誉副主席、全国妇联执行委员、中国和平统一促进会常务理事、中华海外联谊会理事、全国政协委员
56	陈长枝	1912—1992	驿里桥边	中国曲艺家协会会员、福州市政协委员
57	尤德锜	1913—1981	文儒坊	民建福建省委会副秘书长
58	陈矩孙	1913—1987	文儒坊	福建省政协委员
59	董　珊	1913—1987	南后街	福建省文史馆馆员
60	林际阳	1915—1969	光禄坊	福州市政协委员
61	黑　尼	1917—2001	南后街	福建省文史馆馆员
62	陈贻亮	1919—2005	光禄坊早题巷	民盟中央文化委员会委员、民盟福建省委会常委，福建省政协委员，中国戏剧家协会常务理事
63	林　锴	1924—2006	杨桥巷	民进会员，中央文史馆馆员，福建省画院名誉院长

后记

斗转星移，日升月恒。一些往事难免散落，若干建筑已然消逝。探寻三坊七巷里的同心故事，体会历史文脉里的同心意蕴，由典籍、由遗存，也由往昔、由今时，但始终仅能窥见一角、叙述一章，作为感受福建统战“富矿”的小小视窗。

明体达用、体用贯通。在承载着宝贵财富、饱含着殷殷嘱托的闽山闽水间，在强国建设、民族复兴新征程上，徐徐展开的统一战线凝心聚力、团结奋进的新画卷将更为辉煌壮丽！

图书在版编目（CIP）数据

承古开新：三坊七巷的同心时空 / 福建同心文化丛书编委会编. -- 福州：福建人民出版社, 2025. 6.
（福建同心文化丛书）. -- ISBN 978-7-211-09866-8

Ⅰ. TU-092.957.1

中国国家版本馆CIP数据核字第20256EM944号

承古开新——三坊七巷的同心时空

CHENGGU KAIXIN——SANFANG QIXIANG DE TONGXIN SHIKONG

作　　者：福建同心文化丛书编委会　编
责任编辑：郑翠云
美术编辑：白　玫
责任校对：李雪莹
出版发行：福建人民出版社
电　　话：0591-87604366（发行部）
网　　址：http://www.fjpph.com
电子邮箱：fjpph7211@126.com
地　　址：福州市东水路76号
邮　　编：350001
经　　销：福建新华发行（集团）有限责任公司
印　　刷：福州德安彩色印刷有限公司
地　　址：福州市金山工业区浦上B区42幢
开　　本：700毫米 × 1000毫米　1/16
印　　张：8.75
字　　数：89千字
版　　次：2025年6月第1版
印　　次：2025年6月第1次印刷
书　　号：ISBN 978-7-211-09866-8
定　　价：58.00元